幸服の重ね着

柿本景

WAVE出版

はじめに

2011年3月5日、とてもおしゃれだった亡き母の誕生日に、東京の西荻窪で「poefu《ポエフ》」を始めました。店名の由来は詩（poem）に布（fu）をかけ合わせた造語。コンセプトは「一編の詩のように語りかけるものたちを私たちの手のひらに乗るくらいに」。

看板もなく、「いらっしゃいませ」も言わない、なんだか不親切なレディースのセレクトショップ。おまけに女性服を販売しているのは身長187センチの強面《こわもて》な男性一人。

オープン当初はまだ洋服も少なくて、古道具や店内の什器家具も販売していたので、「ここは何屋さんですか？」とよく聞かれていました。

お店に入ってきた人が洋服を見ていると、その強面の店主は小さめの声で話し始めます。それは洋服の接客というよりも詩の朗読をしているかのよう。洋服にまつわるたくさんの物語が、身振り手振りを加えながら時に脱線しながら語られていきます（なんだか照れくさいので、他人事みたいに書いてみました）。

そんな不思議な接客が人づてに広まり、poefuは洋服を愛するたくさんの方に訪れていただけるお店になりました。

洋服が好きで仕方がなかった大学時代。アルバイト代のほとんどは洋服代。もちろん最初はただの洋服好きでしたが、いつのまにかその服以上に、物作りに対する考え方や作り手、物が生まれる背景に興味が移っていきました。

世界中の洋服には、その国ならではの趣や、作り手の性格やクセが必ずにじみ出ます。それらの個性は、洋服を着るうえでの一番の楽しみとなります。洋服を着る楽しみは、それらにまつわる、一編の詩のような物語を読んでいるかのようです。

「お店でお話をするように書いてください」

そう言われて私なりに書いたつもりです。

読み終えた後、洋服を着ることが今まで以上に楽しいものとなりますように。

洋服を着る楽しさが、幸せな一日の始まりとなりますように。

もくじ

はじめに……2

一章「糸し糸しと言う心」
―戀しくて洋服たち

―あのサロペット―
UNIVERSAL TISSU のサロペット……8
―彼女が髪を切ったわけ―
coeur femme のペーパーハットシリーズ……12
―「シックリ」WANTED！―
BRONER のフェルトクラッシャーハット……15
―麻着夢見至―
Honnete のアイリッシュリネンシリーズ……18
―林さんの鞄―
MARINEDAY の鞄……21
―ほろ苦い大人味―
bitter Brown のレザーキャスケット……25
―しおかげん―
MUUÑ の籠鞄……28
―洋服の本望―
gym master の丸首トレーナー……31
―「裏切り」は親友の始まり―
OFFICINE CREATIVE のマウンテンブーツ……35
―イトしきコロモ―
糸衣のニットガウン……38

二章「見渡す限りの美しさ」
―どこまでも美しい服景色

―美しさへの問い―
nitca のコクーンコート……42
―見渡す限りの美しさ―
Pois E のスカート「OPERA」……46
―美しき名優―
n100 のファインカシミア
ニューポケットカーディガン……49
―美しきだまし絵―
nitca のジャケット……52
―不器用という名の美しさ―
ゴ―――シュ のガウン……55
―美しさの予感―
NO CONTROL AIR のワンピース……58
―「潔い」その美学―
n100 のノースリーブシリーズ……61
―どうしてこんなに美しいのだろう―
BLUE BLUE JAPAN のグラデーションチュニック……65
―時知らず、未知美かれる―
Jona のアクセサリー……68
―委ねられた美しさ―
STYLE CRAFT のラクダ革の財布……71

三章「記憶と記録」

―記憶に残る服 記録に残る服

―愛と哀の語りべ―
INVERALLAN のアランセーター …… 76

―描き出される philosophy―
South2 West8 のサンフォージャークロスバッグ …… 79

―大地の歌―
Les chants de la terre の靴 …… 82

―春にして君を想う―
EEL の「サクラコート」 …… 85

―天地有用―
n100 のポプリンアーミーパンツと
ポプリンアーミースカート …… 88

―200年分の笑顔、10万分の1の綿―
JOHN SMEDLEY の
シーアイランドコットンニット …… 91

―あの手袋―
GLEN GORDON のニット手袋 …… 94

―nに込められた想い―
n100 のソフトスウェットジャージー
フードジップジャケット …… 97

―憧れを着ること―
Glenmac のカシミアニット …… 101

―運命の白い糸―
minä perhonen の「yuki-no-hi」 …… 104

雪の日について …… 108

四章「絵空の言葉」

―洋服の声を空に描いて

―絵空の言葉―
EEL の「オリオンコート」 …… 114

―ヒロインに憧れて―
TORCH の靴 …… 118

―美しき旅の便り―
CHRISTIAN PEAU のレザーバッグ …… 121

―耳を澄ませば―
Pois E の鞄「BAGATELLE」 …… 125

―太陽と月に背いて―
Quilp by Tricker's の靴 …… 128

―青い鳥を探して―
ゴ——シュの作る青い服 …… 131

―寄り添う二つの月のように―
Two Moon のパンツ …… 134

―涙腺上のアリア―
minä perhonen の「rain chukka」 …… 138

五章「未来服」
―未来ある洋服たち

―合わせ鏡―
imayin の鞄……144
―合理の手綱を引きしもの―
Honnete のマント……148
―その運命の月明かりの下で―
月の木のワンピース……151
―重力をデザインする―
ironari by EEL の「バイヤスキーシャツ」……154
―美しきコペルニクス的転回―
UNIVERSAL TISSU のスカート……158
―未知との遭遇―
NO CONTROL AIR という洋服……162
―つわものどもがゆめのあと―
Rebuild by Needles のパンツとスカート……165
―未来少年ナカツ―
nosta のリメイクライダースジャケット……168
―未来の黙示録―
1111 の洋服……172

六章「幸服論」
―幸せの洋服、そのカケラたちに巡り逢う

―十年愛―
Vialis の靴……176
―願い叶うまで、私たちは旅の途中―
CHRISTIAN PEAU の
レザーフラットシューズ……179
―知られざる愛の物語―
DANSKO のサボ……183
―草の海を駆ける、子供のように泣きながら―
SO SEA の帆という名のパンツ……187
―小さな姉妹の大きな物語―
姉妹伴の洋服……190
―感謝の青に願いを込めて―
EEL FOR poefu「and 3 blue」の洋服……193
―幸服論―
minä perhonen の「forest parade」……197

おしゃれのヒント……200
あとがき……202
商品名・問い合わせ先……204

一章

「糸し糸しと言う心」

――戀しくて洋服たち

「恋」は旧漢字で「戀」と書きます。

「糸」し、「糸」し、と「言」う、「心」。

その四つの漢字が連なって「戀」となります。

愛しくて愛しくて仕方のない洋服たち。

戀しくて戀しくて仕方のない洋服たちの物語です。

UNIVERSAL TISSU《ユニヴァーサルティシュ》のサロペット

―あのサロペット―

本来作業着として生まれたオーバーオール、フランスではサロペットと呼ばれています。定番服の一つですが、着たことがない人がほとんどだと思います。サロペットは元が作業服なので、どこかメンズ服のイメージ。もしかすると小さい子供が着る洋服のイメージ。つまり「男の子っぽい無骨なもの」。

ですがこのサロペットは、全く違います。

大人っぽいデザインに可愛い見た目、つまり「大人可愛い」です。

その大人可愛いには、三つの絶妙な理由があります。

通常のサロペット（オーバーオール）と比較しながらご説明すると、一つ目に、通常のサロペットは、デニムやチノクロスなどの作業服に用いる頑丈な服地を使用するのに対して、このサロペットの生地には、上質な国内最高品質のリネンを使っていること。金属の無骨なボタンではなく高級な黒蝶貝のボタン使いは大人っぽい印象で、少し小ぶりなボタンは女性らしい雰囲気。

二つ目は、上半身がベストのような形状で、前ぐりが美しい弧を描いてスタイルをよく見せてくれるのでとても大人っぽいこと。一方でパンツ部分はワークパンツのようなゆとりがあり、体形をうまく隠してくれるのと同時に足元を小さく見せてくれて、とても可愛い印象になります。その上下のバランスの絶妙さが年齢と体形を問わないという、類を見ないサロペットに仕上げてくれています。

三つ目は、あくまでもサロペットの概念を踏襲しているものであるということ。元々サロペットはジーンズより少し前にできあがったもので、メンズのスリーピーススーツを作業着化したものです。ベルトがなかった時代に作られたスリーピーススーツのベストの下には、必ずサスペンダーの存在がありました。それを作業着にした際に、サスペンダーを一体化したような形でサロペットが生まれたのです。

リーバイス社が初めて世に送り出したオーバーオールの原型には、胸ポケットなどはつけない代わりに同素材の上着がありました。作業着でありながらも正装としてのスリーピースの役割を果たしていたといわれています。

このサロペットはさしずめ、メンズのスリーピースのジャケットを脱いだようなデザインになっているのです。そして不思議とサロペット感も損ねていません。

定番をよく理解した物作りは、永く着られる大人の洋服選びとして重要です。
三つの絶妙な理由をもってする大人可愛い「あのサロペット」。
着ていない人が多いアイテムでおしゃれを楽しむことも大切ですね。

coeur femme《クールファム》のペーパーハットシリーズ

―彼女が髪を切ったわけ―

ずっと伸ばしていた髪をショートにしてみる。大げさかもしれませんが、女性がバッサリと髪を切る日は、新たな自分に出逢う日、前を向いて進みだす感じです。

洋服の中で一番の非日常なアイテムは帽子だと思います。なぜなら家でくつろぐ際に帽子をかぶる人はいないからです。

そんな日常から縁遠い帽子をかぶったことがないという人も少なくはないはず。もしかすると「似合わない」と決めつけてしまっている方も多いかもしれません。

思いきってショートカットにした日、新たな自分に出逢うことができるように。思いきって帽子をかぶってみる日、新たな自分に出逢うことができるような気がします。

「coeur femme」の帽子はそんな「似合わない」と思い込んでいる方にも比較的かぶりやすいものがたくさん揃っています。何よりもシルエットが抜群にいいのが一番の理由ですが、その中でもこのペーパーハットシリーズは特におすすめです。

見た目には、どこからどう見ても麦わら帽子に見えるのですが、「紙布《しふ》」と呼ばれる和紙を繊維にしたものを布に仕立てていて、とても軽いのが特徴です。もしかするとその軽さでかぶっていることを忘れるくらいかもしれません。紙布は折りたたんで収納ができる利点もあるので、室内でもジャマにならずにお供をしてくれます。

メンズの定番「中折れ帽」も、デザイナー木島道子さんの手にかかればなぜだか照れくさくない、不思議と多くの方に似合うものになります。

いつも帽子をかぶっていないあなたを見て、まわりの人はこう言うかもしれません。

「どうしたの？　何かあったの？」

どうもしていないのです。

思いきって髪を切ることより簡単なことです。似合うかどうかは他人が決めることではありません。決めるのは自分自身なのですから。

思いきって前を向いた日、いつもとは少し違う、新しい自分に出逢える日。

かぶっていることも忘れるくらいに軽い、coeur femme のペーパーハットがそこにはあるはずです。

―「シックリ」WANTED！―

BRONER《ブローナー》のフェルトクラッシャーハット

食べるものにしても身に着けるものにしても、お気に入りのものが誰だって一つくらいはあるもの。それがないと落ち着かないというくらいのお気に入り。

私の場合は、一年を通して帽子をかぶっていない日がないくらい無類の帽子好きです。とりわけこの帽子は、ここ数年秋冬になると毎日かぶり続けているお気に入り。お気に入りを通り越してこれがないと落ち着かないくらいです。これをかぶる前は何をかぶっていたのだろう？ フェルトの帽子もたくさん所有しているのですが、これが一番頭にシックリとくるのです。

「シックリ」。その理由はハッキリとはわからないのですが、

・素材の厚みがちょうどいい
・ブリム（ツバ）の長さが顔の輪郭にベストなバランス
・帽子そのものの形と深さが頭に合っている

と推測します。

アメリカの「BRONER」社のフェルトクラッシャーハット。

この帽子、実はデッドストックで現在のBRONER社のカタログには掲載がなく、展開されていないカラーです。言葉では表現が難しい趣のあるベージュ。10年近くかぶり続けて今は4代目。5代目は手元にないので去年くらいから少し出番を減らしてかぶったりしています。BRONER社がこの色を再開することは期待できません。このデッドストックをお持ちのメーカー様はご一報いただきたいほど。

それは冗談として、シックリくるものとのたくさんの出逢いを日々求めています。

Honnete《オネット》のアイリッシュリネンシリーズ

—麻着夢見至—

英国王室でも使用されるほどの高品質な麻、アイリッシュリネン。
その柔らかで丸みある最高の肌ざわりのリネンにひとたび魅せられると、苦手な夏さえ待ち遠しく、そして恋しくなってしまいます。四季のある国に生まれてよかった、この洋服に出逢えてよかったと思います。

「Honnete」はフランスでテキスタイルメーカーとして立ち上がった後、数々の有名ブランドの洋服を作るOEM工場（Original Equipment Manufactureの略。ブランドの意向に沿って製品生産をすること）として成長を遂げます。クライアントには「KENZO」「A.P.C」「PAUL & JOE」「ANATOMICA」などビッグネームが名を連ねます。何十年にも渡り、数多くの有名ブランドの要望に応えてきた工場としてのクオリティーは明らかです。
日本で購入すると非常に高価なアイリッシュリネンの生地を、長年のパイプラインを活かし贅沢に使用しています。平面で見ると1着のワンピースに2着分の生地を使用しているのではない

Honnete

かと思うほどの贅沢さ。ただそれだけの生地を使用しているにもかかわらず、生地は身体にそっと馴染み、風を友にして美しくドレープします。

適度な厚みのあるこのリネンは、リネン特有のシワが目立ちやすい乾いた質感ではなく、とろみがありシワになりにくい素材感。洗えば洗うほど柔らかさが増し、色違いやデザイン違いで欲しくなってしまうのは、着れば着るほどに、この素材と作りの良さ秀逸なデザインが三位一体になるからでしょうか。

あさきゆめみし。麻着夢見至。

この素晴らしい麻の洋服を着ること。

それは夢見心地に至る気分なのかもしれません。

MARINEDAY《マリンデイ》の鞄

―林さんの鞄―

物作りにはデザイナーや作家の人柄がにじみ出てしまうものです。丁寧に作られたものならそれはなおのこと。「MARINEDAY」の鞄を説明していると、なぜかいつもデザイナー林さんの話ばかりになってしまいます。

有名な繊維商社とインポートメーカーを経て、林祐司さんが始めた「MARINEDAY」。鞄に使われている資材一つ一つに、林さんの並々ならぬ思い入れが詰まっています。

通常、帆布の鞄には綿が使われるのですが、林さんは高級な麻（リネン）を使用しています。しかも大量生産には不向きな、旧式の織機で織られた麻帆布に出逢い魅了されます。時間の経過で風合いが増し、力織機という旧織機で時間をかけて織られたムラのある素材感、綿の半分ほどの驚きの軽さの三拍子が揃った麻でできた帆布。綿に比べて高価な麻素材は一般的ではなく、工場の人の反対を押しきってこの高価な麻帆布を使うことに決めます。

随所に使われたレザーは、日本国内でも数少ない鞣《なめ》し工場がある栃木県のレザーを使用しています。栃木レザーは、ファッション業界ではブランドレザーとして知られています。林さんはその中でも2番目に高価な厚口という革を採用しています。

金具には、イタリアの船舶用資材で「ナスカン」と呼ばれる真鍮製《しんちゅうせい》の金具を選びます。酸化が進むと味わいが増す金具です。

現在日本で流通している真鍮は、亜鉛の含有率が高く酸化しない合金真鍮がほとんどなのですが、ブランド創業当初は、一つ800円もする金具を東急ハンズで購入していたというから驚きです。1万5000円にも満たない鞄に使用する金具一つに800円も使う人は、きっと林さんだけです。

コストを無視して、自ら現地まで赴き選んだ麻帆布、栃木レザーというこだわりの二つの素材は使うほどに味が出る。そこに酸化しない真鍮では不自然。たとえ高価であっても見劣りしない、酸化して味の出る金具選びに妥協はありませんでした。

この鞄は色の退色しづらい、目にも鮮やかな日本ヨット協会公式認定生地のブルーアクリル帆布を使用した、poefu のための特別バージョンです。

ある日、林さんから電話があります。

「柿本さん、とうとうやりましたよ！『ナスカン』の個人輸入、東急ハンズを抜いて日本一になりました！」

「いやいや林さん、鞄で日本一を目指しましょう！」

「いやいや鞄は無理ですわ！」

林さんから届く鞄を梱包しているのは、林さんが愛情を込めてシリアルナンバーをスタンプする厚手の業務用封筒。その封筒は「シモジマ」という業務用の包装資材屋さんで購入しているのですが、また林さんから電話がありました。

「柿本さん、『シモジマ』から電話がありましたよ。あの封筒を個人で日本一買うてるのはおそらく僕ですわ！」

「いやだから林さん、鞄で1位目指しましょって言うてますやん！」

「いやあ鞄は無理ですわ！」

謙遜なのかふざけているのか。そんなエピソードに暇《いとま》がありません。

たとえふざけているにしても、鞄は大真面目に作られています。

ブランド名「MARINEDAY」＝「海の日」の7月20日は林さんの誕生日。

毎年のように愛すべき林さんに誕生日祝いの電話をするようにしています。

bitter Brown《ビターブラウン》のレザーキャスケット

―ほろ苦い大人味―

帽子はたくさん持っているのにキャップタイプの帽子はほとんど持っていません。自分にシックリくる大人のキャップ選びはとても難しい。

その中でこの1年ほど愛用しているのが「bitter Brown」のレザーキャスケットです。手に吸いついてくるかのようなシットリとした鹿革。とても柔らかいのに、しっかりとした厚みも同時に伝わってきます。

鹿革は戦国武将の鎧《よろい》や足袋、手袋などにも使用されていたそうです。革を重ね合わせると矢を通さないといわれる強度と、柔軟性に富み動きやすかったからだといいます。

その鹿革を8枚はぎで仕立てた、なんとも贅沢な仕様。

靴や鞄ならば一枚革で仕立ててこそ贅沢な印象がありますが、キャスケットの命はシルエットの美しさ。より立体感を生み出すことが可能な8枚はぎ仕立てが良いのです。鹿はお互いを角で傷つけ合う動物なので、できる限り傷を避けて、良質な革を使用しています。

そして布以上に革は縫製も難しく、失敗も絶対に許されません。縫う箇所が多く、厚みのある

８枚分の鹿革となればなおのこと。しかも縫製はbitter Brownのデザイナーである野本真也氏が、すべてを一人で仕上げています。

これらの意味での贅沢仕様。

この良質な鹿革の８枚はぎのキャスケットが生み出す柔らかな立体は、前後左右に自由に形を変化させることができます。前に倒してハンチングのようにクラシカルに。左右に倒してラフな感じにと、その日の気分と洋服で少しずつ印象を変えることができるのです。

甘党だった私も歳を重ねるにつれて、コーヒーには砂糖を入れずミルクだけを落とし入れ、かき混ぜずに一口目を飲むのが習慣になりました。混ざりきらないミルクの模様を眺めながら、少しだけほろ苦い一口目の味が好きなのです。

bitter Brown。

そのコーヒーのような色と味。鹿革のキャスケットに少しずつ手跡が残り、革にも飴色の艶《つや》が出る頃、また一つ大人の苦さを心地よく感じるのだろうと、このキャスケットをかぶるたびに楽しく夢想します。

MUUÑ《ムーニュ》の籠鞄

―しおかげん―

洋服店作りは、飲食店を作ることにたとえて考えてみるとわかりやすい。

にぎわう料理店はいつも笑顔が溢れています。美味しい食事の前では、誰もが笑顔になり会話も弾む。お店の雰囲気や店主のこだわり、スタッフの人柄もそこに一役かえば、ことさらに居心地の良い空間になって、そこでしか味わえない料理と特別な空間にまた訪れたくなります。

「美味しい」という抽象的で正解のない答え。同じ食材を使えば、調理前の食材の味には大差はないはず。その日の魚や野菜の仕入れでメニューは変わりますが、要は料理人の塩梅《あんばい》、つまりは塩加減。その食材をどう調理するかにかかっています。あえてあまり火を入れずにいくか、はたまた煮込んでみるか焼いてみるか。

既製品である洋服をセレクトするときに考えるのは、バイヤーとしてお店としてその商品をどんなふうにディスプレイし、どんなふうに服の物語をお話しするか、どれだけ瞬時にそれを想像できるかということ。料理人のように調理方法を考えながら買いつけをします。さらに作り手により、しっかりと味がついている素材に私なりの塩・こしょうをどう振るのか、それも洋服屋の

腕の見せどころです。

この「MUUŃ」の籠鞄は、作り手側の味つけが絶妙な一品。だから塩・こしょうはあまり必要ありません。普段使いにも上品なワンピースにもピッタリと合う。和装にもモダンな雰囲気でいいかもしれません。

アフリカのエレファントグラス草を手で編み立てたシンプルな形状に、しっかりとした綿のキャンバステープで持ち手をつけています。ベーシックなトートバッグのようですが、籠鞄には珍しい仕様。この黒いテープが素朴になりがちな籠鞄をキリッとした表情に引き締めています。合わせる服に困らないのもこの黒いテープのおかげだと思います。

しっかりとした素材感は自立するので出先でも置き場所に困らず、内側には目隠しを兼ねそなえた黒い布鞄が取り外せるように内蔵されているので人の目も気になりません。

一見シンプルな料理にピリッときかせたスパイスのような黒いテープ。籠鞄のデメリットを解消するちょっとした味つけはにぎわう飲食店のさりげないサービスにも似ています。

MUUŃはフランスのバッグを主体としたブランド。フェアトレードの製品でガーナで大枠を生産した後、フランスでファッション用の味つけを施しています。

ちなみにMUUŃはアフリカの言葉で「微笑み」という意味。きっと美味しい料理とこのブランドの目指すところは同じなのではないかと思います。

—洋服の本望—

gym master《ジムマスター》の丸首トレーナー

ファストファッションの出現により、ファッションはここ数年大きく二極化しています。高価なものと安価なもの。その中で本当にリーズナブルと呼べる洋服は、年々少なくなっているような気がします。

その希少なリーズナブルの名品の一つ。

ビンテージスウェットを模した日本製の名品スウェットは数多くありますが、吊り編み機で編まれた謳《うた》い文句の多い2万円以上もするそれは、なんとも高級な感じがします。

そういったものとはまた違うこのトレーナーは、ぜひとも女性に着ていただきたい優れた部分がたくさんあります。

スッキリした袖と少し縦長で両脇が丸くふくらんでないシルエット。

生地は厚すぎずちょうどいいなと思うくらいの絶妙な塩梅の柔らかさ。

この二つの良さを持つトレーナーは探してみると意外とありません。1枚で着用したときのシルエットの良さと、細身のアウターにもモコモコせずに秋冬を通してインナー着用できるのも利点です。

次にネックライン。ちゃんと丸首の身なりをしているけれど、少し広めで窮屈ではない。着ていて楽だし、シャツの襟なんかもいい感じに顔を出してくれる。

そしてトレーナーの一番重要なところ。洗濯に強く、何より温かい。

メンズっぽい服が好きな女性には、いいことしかないくらいです。
S、M、Lとメンズサイズのみの展開なのですが、Sは意外にも女性の9号サイズぐらいの方が着ても悪くないサイズ感。両脇がふくらんでいないのでMとLは着丈の長さで選べ、チュニックのような着方もおすすめです。

「gym master」は、元々カナダ消防局の公式インナーサプライヤー。

この丸首トレーナーは、ライセンスラインの中国で作られるジムマスターとは違い、いまだにカナダ生産で作られています。

高速シンカー編み機で編まれ、胴体部分が筒状になっているので着心地にストレスのない作りです。縫製にもストレスが少ない、4本針フラットシーマを採用しています。

ビンテージに想いを馳せたこだわりある日本製スウェットには、蘊蓄《うんちく》はかなわないかもしれませんが、最低限にして最良の作りだと思います。

スウェットなんてカッコいい呼び方よりも、トレーナーってあえて呼びたい。

トレーナーはあくまでもデイリーウエアの一つ。

毎日のように着て、何回もお洗濯を重ねて駄目になるまで着続ける。

着れば着るほどに良さを知り、同時に愛着も湧いてきます。


高価な物を大事にしすぎてタンスの肥やしを作る。

安価な物に手を出して消費を続けて何も残らない。

もしかするとリーズナブルな洋服こそ、毎日のように着る人の愛を感じながら洋服の本望を遂げる、一番の幸せ者なのかもしれません。

OFFICINE CREATIVE《オフィチネクリエイティブ》のマウンテンブーツ

――「裏切り」は親友の始まり――

「裏切る」

といっても良い意味での「裏切り」は、ただ良いよりも格別に良さが倍増すると思うのは私だけでしょうか。たとえば、とても恐そうな見た目の人が、話してみると実はものすごく誠実な人だったりすると良さが倍増するのと同じように。

この靴は、メンズのマウンテンブーツのような見た目だから、なんだか重たそうで硬そうで履きづらそう。そう思いながら足を入れてみると、その三重苦が一瞬で裏切られるほど、足入れのスムーズさと軽さに驚かされます。

そしてこういった革靴につきものの靴ずれもありません。長時間履いていると徐々に痛くなる……りません！　メンズのような無骨な見た目だからコーディネートが難し……そうでいてスカート、パンツ、ワンピース。不思議となんでもシックリきます。

イタリアのシューズ生産の聖地、モンテグラナーロ。「BOTTEGA VENETA」や「BALLY」

などのハイブランドのシューズを請け負ってきた工場の自社ブランド。

この靴に使用されているクズナレザーは、イタリアの有名な鞄や靴を扱うブランドがこぞって使いたがるレザーで、吸いつくような柔らかさ、履いたその日から足なじみが良いのが特徴です。

コバに施されたランドセルを縫うような太い番手の0番糸は、マウンテンブーツに不可欠なメンズの無骨さを演出してくれます。その一方で足なりに添い、素晴らしいフィット感を生むラスト（木型）。足を華奢に美しく見せてくれつつ、様々な洋服に合わせやすいという、通常のマウンテンブーツには見られない、この靴特有の「裏切り」を名演出してくれるのです。

どこまでも、どこまでも良い意味で「裏切り」続けます。

人と同じで見た目で判断してはいけない。

意外にもそういった人が一生の友になるように、この靴も一生をお伴してくれるものになるかもしれません。

―イトしきコロモ―

糸衣《いとい》のニットガウン

2012年秋に世に送り出された、日本製の新たなるニットブランド「糸衣」。日本で最高品質のカシミア糸を供給し続けてきた大阪の繊維業者「東洋紡糸」と、イタリアを拠点とするニットデザイナー「YURI PARK《ユリパーク》」の強力なタッグでできあがった新しいブランドです。

2013年に2シーズン目を迎える糸衣からリリースされるニットガウン。ベーシックなデザインとはいえないのかもしれませんが、ニットの良さを最大限に引き出しています。その良さの説明の前に、大切な余談。

元々その編地を示していた「メリヤス（編み）」は、伸縮性に富んだ編み物の総称として用いられるため、ファッション用語としてはニットと同義語として使われています。

日本語では「莫大小《メリヤス》」という不思議な当て漢字で書きます。「莫」は否定の意味を持ちます。つまり「莫大小」と書いて、大きくも小さくもないという意味。伸縮性に富むニットが、見た目の大きさに反することを表現したかったのではないかと推測しています。

このニットガウンは、見た目がメンズのような大きさです。ただ着てみると、あら不思議。ど

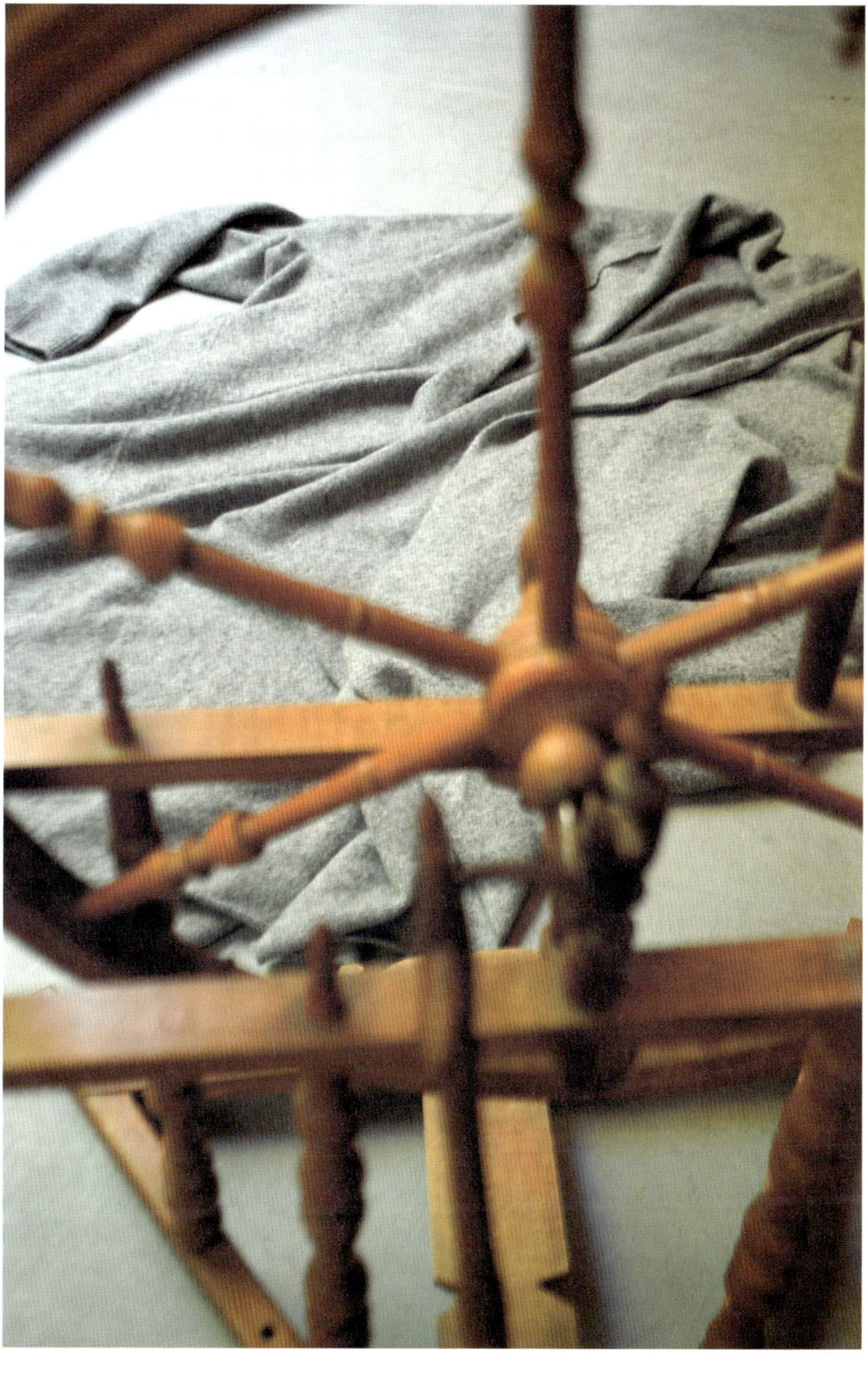

んな体形の人にもなぜだかシックリとくるのです。

そして、上下を逆さまにして着ることも可能です。天の向きで着るとガウンのように、地の向きで着るとジャケットのように変化します。ニットの伸縮が体形に合わせて順応し、男女を問わず着ることができます。

大でも小でもなく天地もない。その見た目に反して、着る人すべてにシックリと寄り添う。「莫大小《メリヤス》」の意味から考えると、ニットのあるべき姿として究極のベーシックといえるのかもしれません。

昭和5年に日本でカシミア糸の生産を初めて行った東洋紡糸。そのカシミア糸の品質は、これまで見てきたカシミア製品の中でもトップクラスのもの。たとえるなら、手に触れた瞬間の触感から涎《よだれ》が出てしまうほどの肌触りです。その確かなクオリティーにニットデザインのスペシャリスト、YURI PARKの知恵が入るという贅沢なコラボレーション。

そして、恋の旧漢字は戀と書く。表意文字としての漢字。その意味は愛（糸）し愛しという心。なんてロマンチシズムとリリシズムを込めた文字なのでしょう。

片想いを募らせる戀のように、この洋服に袖を通す日が待ち遠しい。

糸しき＝愛しき衣と書く洋服。「糸衣」。

二章「見渡す限りの美しさ」

―どこまでも美しい服景色―

デザインや色、シルエット。
容姿の「美しさ」は、洋服の生命線。
縫製や素材感、手触りや着心地のディテール。
その「美しさ」をより確実なものに導く五感への刺激。
デザイナーや作り手の、こだわりや想い、儚《はかな》くも力強い、不器用な生き方。
静寂の裏地に秘めたる、情熱的な内面の「美しさ」。
それは作り手の個性やクセが生み出す「美しさ」の性格。
着続けるごとに知りうる、様々な「美しさ」。
それは見渡す限り美しい洋服たちの世界です。

—美しさへの問い—

nitca《ニトカ》のコクーンコート

この比類ない美しきコートには、「美しさ」への数々の問いかけがあります。

「nitca」のデザイナー内田恵子さんは、プロダクトデザイナー深澤直人氏の著書『デザインの輪郭』（TOTO出版刊）の一節「何もないこともデザイン」に感銘を受け、このコートを28歳の若さで世に送り出しました。

「背の低い人、高い人」「華奢な人、太っている人」「若い人、歳を重ねた人」。内田さんが目指したのは、誰にでも分けへだてなく似合うコート。

「有りすぎるということは、ただの虚無感でしかない」。装飾を加えることだけが、女性らしさにつながるわけではない。それは行き着くところ「何もない」というデザイン。

このコートには、襟もポケットもボタンも見当たりません。

日本人を一番美しく見せるといわれている着物のように、平面構成へのアプローチはnitcaの創世期から常に内田さんの意識下にあり、このコートに反映されています。

何度も試作をくり返した襟の立ち上がりは、まさに着物のような美しい首まわりを演出します。後ろから見たときのコートのなで肩の美しさは、日本人の眠っている美意識を呼び覚ましてくれます。大きくえぐられた肩線は、女性らしく肩を華奢に見せる一方で、不思議と前肩がつっぱりません。インナーの厚みに左右されることなく、このコートのシルエットを形状記憶のように記憶しています。ボタンはフロントの内側に隠され、ポケットは両脇線に沿わせているので正面には何もないように見えます。すべてのデザインの結びにあるのは、「何もない」という事実と着用時の圧倒的な美しさのみです。

このコートを非常に毛足の長い、目に温かそうなアルパカ混の「poefu」3周年記念の特別仕様で作ってもらいました（2014年10月発売）。

1956年にクリスチャン・ディオールが発表したコクーンコート。コクーンとは繭《まゆ》という意味。名前は繭のようなシルエットからきています。50年以上にわたり、数々のデザイナーがこのコートを超えるという難問に挑み続けてきました。

そして当時若干28歳だった内田さんが挑んだのは、ディオールを超えることではなく、きっともっともっと単純なこと。

「誰にでも似合う、誰もが可愛くなれる、手の届く手頃な価格のコート」

単純だからこその、難題。

「何もない」という目に見えないデザインが行き着いた、目にある美しさ。鏡に映る自分を見て「美しい」と即答してしまう。

多くの難題に対しての内田さんの完璧なまでの回答。

この文章を何度も書き直しながら悔しくて涙が出てきました。

私の言葉など、この美しさを前にあまりにも無力だから。

—見渡す限りの美しさ—

Pois E《ポイゼ》のスカート「OPERA《オペラ》」

どの角度から見てもあまりにも美しいスカートです。

メンズにはないスカートというアイテムの素晴らしさは、それ一つで女性らしいコーディネートの完成度を高めてくれることです。

このスカートとの出逢いは、原宿の「ZAKKA」で行われていた「Pois E」の展示会でした。作家である平岡あゆみさんご本人がはいていた、黒いAラインスカート。合わせているのは「NEW BALANCE」５７６の黒いスニーカーに白いTシャツ。男性の究極のオシャレがデニムにスニーカー、白いTシャツを着ることのように。そのなんでもないはずの組み合わせは、このスカート一つで本当に女性らしく、不思議なくらいに上品に見せてくれます。「これこそが女性の究極のおしゃれだ！」と感じたのをはっきり憶《おぼ》えています。

小さな平岡さんが私のまわりでテキパキと動くたび、スカートは微風を受けて美しくドレープします。動くたびに目の前に広がる美しさ。贅沢な布使い。ふくらんだかと思えば立ち止まった

ときのすっきりとしたシルエット。よく見ると両脇裾は上がっています。裾は真っすぐではなく、実は美しい弧を描くサーキュラー（円形）になっているのです。

横から見ても後ろから見ても美しい。

山頂から見る３６０度の大パノラマの景色のようです。

出逢いから1年後、このスカートに「見渡す限りの美しさ」という別名をつけて、たくさんの方にご紹介してきました。

スカートを普段はくことがない。そういう人にこそはいてほしい。

最初はスニーカーにTシャツのコーディネートから、いつものデニムをこのスカートに替えて。

スカートは女性にしか楽しめない、女性の特権のような洋服ですから。

初めてはいた日は、新しい自分に出逢える気がします。

きっとこのスカートのような、見渡す限り美しい世界が見えてくるはずです。

n100《エヌワンハンドレッド》のファインカシミアニューポケットカーディガン

―美しき名優―

このカーディガンは、役者にたとえるなら稀代《きだい》の名優。

主役も張れる存在感と、時に名脇役として主役の存在を引き立てます。

まず主役としての存在感は、カーディガンに本来あるべきはずのボタンがないことで、常に露出するインナーという脇役を配役することから始まります。この脇役の配役に最初は戸惑うかもしれませんが、適役を見つける喜びも楽しみの一つかもしれません。

極細のカシミア糸を単糸で編んだニットとは思えないほど、自立する美しい首まわりから末広がりの切り放した裾まで、それはあたかもジャケットのように身体に沿った稜線が生まれ、ストレスのない美しいラインを生み出します。裾のポケットは、機能こそしないかもしれませんが、このニットを上着のように見せる一役をおおいにかっています。脇役のインナーも含めたデザインそれぞれが呼応し合い、カーディガンを主役のアウターの立場まで引き上げてくれます。

もちろんこの主役は、インナーやボトムによって様々な顔を見せてくれます。デニムで見せる表情とはまた違い、ワンピースやフレアースカートとの共演も見事なまでに上品に果たしてくれます。

そして、名脇役たるゆえん。それはコートを着る頃に真価を発揮します。単糸のカシミアで編まれたこの極薄のニットは、薄さと温かさの反比例に誰もが驚くほどの温かさ。その薄さゆえ、コートのシルエットを問わず着られること、極力軽装でいられることを可能にしてくれます。ニットを着る際のモコモコ感がなく、着ぶくれしないという利点があるのです。

さらにこのボタンがないデザインがもう一役をかって出ます。主役のコートの中にひっそりと隠れてしまうのです。スタイリッシュなコートの存在を補うのは、この名脇役の保温性のなせるわざ。

この二つの魅力は、冬の主役のコートの存在を的確に演出してくれます。見えていないコートの内側で存在を消しながらも、最大限の自分の持ち場を果たしている名脇役。そして室内に入りコートを脱げば、即座に主役の顔を見せます。

洋服における名優は、主役としての顔そのものが持つ本来の美しさに加えて、脇役としての機能美というものも備えていなくてはなりません。

―美しきだまし絵―

nitca《ニトカ》のジャケット

男性にとってジャケットは必需品です。その一方で、ビジネスに必要がない限り、あえて肩がこりそうなジャケットは女性には必要のない物。女性にとっての必需品は、ジャケットより軽くて便利なカーディガンです。

どこからどう見ても美しく仕立てられたジャケット。

シルク混の上質なスーツ生地のようにも見えるのは、「ロイヤルスムースコットン」と呼ばれるコットン100%のカットソー。ストレッチ性に優れ、タイトなシルエットもストレスを感じません。カーディガンを着ているような錯覚さえ感じる、軽さと着心地にただ驚くばかりです。

美しい仕立てに見える理由は、確かなジャケットの理論が反映されているからです。

細いラペル（襟の折り返し）と高めに設定された「ゴージ」という襟の刻み位置は、鎖骨を結ぶ延長線上に位置していて、女性の美しいデコルテラインを描き、首まわりをスッキリ見せてくれます。

左胸のポケットは、左上に向かって緩やかな曲線を描きます。このカーブがバストまわりの立体感を美しく演出してくれます。イタリア製ジャケットなどに多く見られる、バルカポケットのデザインです。「バルカ」とは、イタリア語で「小舟」を意味し、船の舳先《へさき》の形に似ていることからバルカポケットと呼ばれています。

袖口は、「本切羽《ほんせっぱ》」という仕様で、一つ一つのボタンが開閉する丁寧な作り。良いジャケットの必須条件です。袖をまくると、袖口が銀糸の縫製糸でロックしてあります。おしゃれな男性がオーダーメイドで内側にこだわって作らせたかのようです。

裏地は、「バギーライニング」と呼ばれるハの字型の背抜きで、通気性に優れています。パイピングが全面に施してあるので、脱いでいるときでさえも仕立ての良さがわかります。カットソージャケットには過ぎたる、随所にちりばめられた抜かりないこだわりです。

素材感の上品さと仕立ての丁寧さは、ビジネスにも冠婚葬祭にも通用するほど。デニムやワンピースに合わせれば、メンズライクな大人っぽいカジュアルコーディネートがいとも簡単に完成します。

キチンとしているように見えて実は楽チンで肩のこらない、美しいだまし絵のようなジャケットの究極の形。女性にとっては願ってもない、ワードローブの必需品になることは間違いありません。

ゴーーシュのガウン
―不器用という名の美しさ―

タグには、ブランド名である「ゴーーシュ」と、か細い片仮名で書かれています。その名前からは、宮沢賢治が描く「セロ（チェロ）弾き」の不器用な音色を思い浮かべます。

「ゴーシュ＝gauche」。フランス語で「左手、不器用」という意味。セロ弾きになぞらえたかどうかは別として「不器用」という意味をもつブランドです。


ゴーーシュの服に袖を通し、しばらくすると、その不器用な二人ことデザイナー泉夫妻の奏でる音が洋服いっぱいに静かに流れ始めます。

パタンナー出身のお二人らしく、それはそれは見たこともないくらいに秀逸なパターンで作られていて、誰にも真似ることができない美しい洋服。

「静かな洋服」。

ゴーーシュの洋服は、シンプルな見た目から一般的にそうたとえられることが多いのですが、ゴーシュの洋服を見るにつれ、時としてその静かな中に溢れる詩的な抒情とは裏腹の、まるで狂気のような情熱を感じることが多くなりました。もちろん、それほど美しいという意味で。以来私は、宮沢賢治の不器用なセロの音色よりも、ギャスパー・クラウスという稀代のフランス人セロ奏者の音色を思い浮かべるようになりました。

ギャスパー・クラウスのセロは、古典に裏打ちされながらもそれを裏切るかのように、聴いたことがないほど美しい狂気の音色を奏でます。時として何かが憑依《ひょうい》したかのようにギャスパーとセロは一体化し、情熱的な弦をさばく指は時として不穏な音色をかき鳴らし、聴き手に不思議な感情を抱かせます。

それと同じように、袖を通しゴーシュの洋服と一体化すると不思議な感情に襲われるのです。

それこそが「美しいとはなんなのか」の答え。

「静かな」という言葉では、決してすますことのできない洋服。

ゴーシュの泉夫妻が「不器用」である本当の理由は、狂気のような美しさを静寂の中に隠しきれないからだと思うのです。

NO《ノー》 CONTROL《コントロール》 AIR《エアー》のワンピース

—美しさの予感—

このすべてを削ぎ落としたワンピースと対峙したとき、人は何を感じるのでしょうか。

「NO CONTROL AIR」のデザイナー米永《よねなが》至《いたる》氏は、大学で建築を学んだ異色のファッションデザイナーの一人です。ブランド名は、意訳すると「制御されない空間」を意味し、「無味無臭」をテーマに掲げています。

その服を見ていると、デザイナーは何を意図として生み出したかったのか。

デザインとは、どこからどこまでをもってデザインと呼び、そもそもデザインとは一体何なのかという本質的な疑問を抱きます。

仮に何もないデザインが無味無臭であるとすれば、そこには無味無臭にしようというデザインの作為があるはず。

そんな疑問もあっけなく一言で吹き飛びます。

このワンピースを着たほとんどの人が口にする言葉。

「美しい」

それは、洋服に与えられし最短で最高の美辞麗句。

情報に溢れた現代、情報の少なさは不安材料になりかねません。

ただ裏を返せば、その情報が少なければ少ないほどに人はただならぬ予感を感じるはず。

無味無臭という極めて少ない情報の先にある、「美しさの予感」を。

n100《エヌワンハンドレッド》のノースリーブシリーズ

―「潔い」その美学―

布帛《ふはく》アイテム（ニットではなく織られた布を使用した製品）に限れば、「n100」には袖つきのインナーがありません。その代わりにノースリーブのブラウスとワンピースは、驚くほど膨大な量がシーズンを問わずリリースされています。

コンパクトなサイズ感のn100のカシミアやリネンニットの下には、ノースリーブが最良だからにほかなりません。

一般的にアパレルブランドは、デザイナーや作り手の好きなものを形にしますが、このご時世、それだけではセールスに結びつきません。流行りや販売期間などを踏まえ、様々なニーズに応えるアイテムバリエーション。布帛でいえばワンピースはもちろん、チュニック、シャツ、ブラウス。袖のデザイン一つとっても多種多様に展開していきます。そこにはデザイナーの「好き嫌い」の意志は反映されないものです。

加えて肌の露出や日焼けを極度に嫌う日本のマーケットでは、ノースリーブ自体があまり売れないという事実があります。

この二つの理由からいくと、これほどのノースリーブのバリエーションが作られていることは異例中の異例です。

しかもそれしかない。


初めてn100の大井幸衣さんと橋本靖代さんにお会いした際に最初に言われた印象的な言葉。

「二人でn100です」

自分たちが本当に着るもの、着たいものしか作らない。

だから今の時点ではノースリーブしか作らない。

なんて潔く素敵なのだろう。

その意志どおり、年々ノースリーブシリーズは増え続ける一方です。


それ以来、私はこのノースリーブシリーズを「潔いノースリーブ」と勝手に呼ばせてもらっています。二の腕を出すことも肌が少々焼けることも気にしない。それも含めての「潔い」。

カーディガンの開いたところに収まりのよいギャザーの入ったものや、脇下のダーツで立体感

を施したシンプルなタンクトップを布帛仕立てしたようなもの。新作は共地でフリルをネックラインにバインディングしたもの。

どれも着てみるとその美しさは一目瞭然です。

このノースリーブシリーズの美しさの本質には「二人でn100」な、お二人の「潔い」。その生き方の美学が詰まっているからなのだと思います。

BLUE《ブルー》 BLUE《ブルー》 JAPAN《ジャパン》のグラデーションチュニック

—どうしてこんなに美しいのだろう—

生き物の中で一番少ない色は青。青い花や野菜はほとんどなく、青い色をした哺乳類も見かけません。反対に地球上で一番多くを占めるのは青。空と海のどこまでも続く青。

人間が青を身に着けたくなる理由。

それは生き物として希少であることを象徴する青と、果てしなく続くその青に魅せられるからでしょうか。

その果てなき空と海の青の世界が、この洋服いっぱいに広がっています。

一瞬たりとも同じ青を見せない自然に挑むかのような美しき青。藍で染めたかのような美しい青のグラデーション。

そして空と海のように境界の見えない青のグラデーションは、驚くことにプリントで表現されています。一瞬の美を写真のように一枚の洋服の中に留めています。

「BLUE BLUE JAPAN」。代官山に居を構えて40年を迎えたハリウッドランチマーケット（聖林公司）の中にある、女性デザイナーが手がける異端のレーベルです。

その名に違《たが》わず、毎シーズン見たこともない美しさの青い服を見せてくれます。

クリエーションはすべてジャパンメイドによるもので、日本人の美意識に彩られ、和と洋を巧みに交錯させることで独自の世界観を作り出しています。

アメリカンカジュアルを主体としてきたハリウッドランチマーケットとは全く別のクリエーション。日本人にしか作りえない洋服。

もし神が存在し、万物を生み出した張本人であるとしたならば、自然と生き物の調和のために人間に青を与えなかったのかもしれません。

そして神が創りし空と海の青に挑むこの異端のファッションは、そのことと密接な関係があるのかもしれません。

Jona《ジョナ》のアクセサリー

―時知らず、未知美かれる―

初めてこのアクセサリーを手にした日、誰もが不思議な惑いの世界に心を揺さぶられます。どこかの国の遺跡から発掘された名もなき素朴な装飾品のような佇まい。永い時をかけて自然が作りあげた風化を意図せず留めたかのような美しさ。どこの国のものとも誰の手によるものともわからないアノニマスなデザイン。再び陽の光の下に晒《さら》されることを知っていたかのように、留められていた時計の針が再び動き始めると、手にした人の掌《てのひら》で鈍く輝きます。

「Jona」

作家、常名康司《じょうなやすし》氏の手がけるアクセサリー。ベースにあるシルバーは、艶を帯びた銀色の見慣れたそれではなく、彼の手により新たなシルバーの表情を見せます。

白化粧をまとったものは、白い金属とも呼ばれる銀本来の色かと錯覚を覚え、硫化作用により黒化したものは、あたかも鉄のように硬質な強さと美しさを感じさせます。

箔張りされた金は、やがて時と共に内側に秘めた銀を露出させていきます。それは皮膚一枚へだてて流れる血流の躍動を知らしめるかのようです。

常名氏が自らの指で、美しさの時の針をそこに留める。その眠りを再び呼び覚ます、使用者とアクセサリーが静かな対話を始める日、その時計の針は再び静かに動き始めます。

「Jona」と「時」と「使用者」のみが知りうる、未知なる未来の美しさ。

未来は未知であるからこそ美しい。この時知らずのアクセサリーのように。

STYLE CRAFT《スタイルクラフト》のラクダ革の財布

―委ねられた美しさ―

財布は何年も使用するもの。洋服や鞄のように場合によって日替わりで楽しむということもありません。ゆえに財布選びは容易ではない。

「小銭が出しやすい」「たくさんのカードや領収書が入る」「通帳が入る」など、使う人それぞれの使い勝手が財布選びの優先順位としてあげられます。それはファッションというよりも道具に近い「機能」が必要とされます。それでいて人目に触れることもある財布には、少なからずファッションとしての「美しさ」も問われることになる。

「機能」と「美しさ」の双方、本当の意味での「機能美」を兼ね備えた財布こそが良い財布選びの条件ということになるのではないでしょうか。

「STYLE CRAFT」のラクダ革を使用した財布。

ピット槽と呼ばれるミモザから抽出される渋液のプールのような場所で、皮から革にするための工程、鞣《なめ》しを施します。原始製法に近いピット槽鞣しは、途方もない時間と手間を有する製法で、現在ではほとんど行われていません。
兵庫県姫路市でSTYLE CRAFTのためだけに鞣される唯一無二のレザー。この独特な表情の革の銀面（表面）は、ラクダ革本来のムラとしなやかさをピット槽鞣しで最大限に引き出しています。愛用するほどにその革の容姿は艶を増し、人目に触れたときに固有の「美しさ」を放ちます。

内部構造はシンプルで、革の特徴を生かしたデザイナー南埜《なんの》次郎氏の最小限のデザイン。一般的な財布にある1枚ずつのカード収納の差し込み口や、ここが小銭入れという具体的な金銭収納の構造はそこにはなく、良い意味で規制が設けられていないような印象を受けます。削ぎ落とされた内部構造デザインは、財布の中を煩雑にし形を崩してしまう原因となる、不必要なポイントカードやレシートなどを収納させないような仕組みに見える。それは使う人によって、どこに何を収納するか使い手の自由性を重んじ、使用方法を想像させることで完成するかのようなデザインにも映ります。

整頓を義務づけされる内面の「不自由な機能」と、収納の想像性が生む「自由な機能」。矛盾した二つの「機能」の面白い共通項は、使う人に委ねられていること。

そこには使用者が少しずつ体感する、人それぞれの固有の「美しさ」につながる本当の「機能美」が委ねられています。

何年も使用した革の容姿が放つ美しさは当然として、「機能美」の内面がにじみ出始めた頃、それがこの財布の本当の美しい姿なのかもしれません。

三章「記憶と記録」

―記憶に残る服 記録に残る服―

大切な洋服は、思い出と共にあります。
着続けることで、たくさんの思い出が心に記憶されていきます。
着心地のよい服なら、小さな日々の思い出と共にあるかもしれません。
一緒に旅した服ならば、その服を着るたびに旅の思い出に浸れそうです。
100年以上も大切に作り続けられてきた、記録に残る憧れの洋服たち。
季節や深い愛情を感じたりすることのできる、記憶に残る素敵な洋服たち。
記憶に残る洋服との思い出の連鎖は、
人生をささやかに彩る、絵日記のような記録です。

―愛と哀の語りべ―

INVERALLAN《インバーアラン》のアランセーター

ニットは一番好きな洋服の一つです。
知れば知るほどに非合理でアナログな洋服だからです。メールよりも手紙。そんなアナログな私はニットに親近感を覚えます。そしてニット好きになった理由の一つには、この手編みのアナログ極まりない「INVERALLAN」との出逢いがあったからだと思います。

アランセーターの誕生は諸説ありますが、ナイロンもゴアテックスもない1000年以上も昔、アイルランドの極寒をしのぐ冬の洋服は、動物の毛で織られた布か編み物としてのニットが主流でした。生きるために必要なものとして生まれた衣服。それはファッションではなく生活道具に近いものでした。

アランセーターはその美しい編目文様の一つ一つに意味を有しています。
手漕ぎの小さな船に乗り、厳寒の冬の海に漕ぎ出《いだ》す男たちの無事を祈り、妻はその柄の一つ一

つに希望を託し編みあげていきます。

それは深い深い「愛」の形。

各漁村によって伝承される編み柄の配置などには法則性があり、海で溺死《できし》した場合、すぐに出身地がわかるようになっていました。そこには生と死とが常に隣り合わせにあることの悲しくも厳しき「哀」があります。


INVERALLANのニットは1着を一人のニッターが編むのに約1か月、90時間を要します。

1000年を経て便利なものが溢れる時代にあって、非合理の極みとしてのハンドニット。

後継者不足もあいまって絶滅の危機にあります。

愛着とは、愛を着ると書きます。

こんなにも愛のある洋服を決して失くしてはいけない。

1000年を旅してきたアランセーターをこれからも大切に伝えていきたいのです。

その「愛」と「哀」の物語を。

South2 West8《サウスツーウエストエイト》のサンフォージャークロスバッグ

—描き出されるphilosophy—

メンズを中心に展開をする「NEPENTHES《ネペンテス》」が手がけるブランドレーベル、「South2 West8」。北海道に拠点を置き、古き良き時代のハンティングやフィッシングウエアを題材にしたものからアイヌ民族の服にインスパイアされたものなど、どこかノスタルジックで着る人の想像力をかき立てる興味深い物作り。South2 West8には、魅力的なアイテムが多く存在します。

生地から縫製に至るすべての工程をアメリカで行っている、ブランド発足時からアイコン的存在のこの鞄。黄金色の美しいアースカラーのサンフォージャークロスと呼ばれるコットンキャンバス生地は、まだナイロンがなかった頃の軍用の資材を再現したもの。「SUN TUN《サンタン》」、その名のとおり、雨晒《あまざら》しで陽に焼けた色の表情。脂分の強い濃茶の革とサンフォージャークロスの黄金色のコントラスト。粗野で大ぶりなミシンの足跡は、日本製では決して見ることのないアメリカ製の大らかで頑強な雰囲気を盛り立てます。

この鞄が生まれるアメリカの風景になぞらえて、その景色に一番近い日本国内の場所として、またこの鞄のデザインソースになるハンティングやフライフィッシングが現実に行われる場所として、ブランドの拠点に北海道を選んだのかもしれません。

ブランドタグに描かれた蝦夷鹿《えぞしか》のスカルボーンにターゲットマーク。北海道に生息する蝦夷鹿にハンティングウェアを象徴するターゲットマークは、ブランド名South2 West8（南2条西8丁目）を指し、日本唯一の直営店の地図暗号記号になっています。それはまるで冒険には欠かせない宝の絵地図のようです。

大量生産で消費を加速させるファッションが猛威を振るう時代。こだわりを持った意味のある現地生産や物が生まれる原風景が消えゆく中で、この鞄の原風景であるアメリカや故郷の北海道にこだわる姿勢。大都会にいたとしても、広大な自然に寄り添えるかのような安らぎを覚える黄金色のうちに秘められた、強い意志で貫かれる「こだわり」という哲学。

この鞄が私たちを魅了する真の理由は、この頑《かたく》なまでの不器用な美しき哲学がコットンのキャンバスに暗号化されて描かれているからかもしれません。

Les《レ》 chants《シャントゥ》 de《ドゥ》 la《ラ》 terre《テール》 の靴

—大地の歌—

バルビゾン派の画家ミレーの代表作『落穂拾い』に登場しそうな靴です。人類にとって農業は、常に神と自然との共存と畏怖《いふ》によってバランスをなしていました。祭りの本来の目的は、その神と自然を祀《まつ》ることから始まっているといいます。

ブランド名の「Les chants de la terre」はフランス語で「大地の歌」を意味しています。再び稲穂の実る秋の黄金色の世界を夢見て春の種をまく。古来より大地が奏でる歌を自らの足で感じていたに違いありません。

実在した19世紀初頭の農夫靴をデザインベースにしたこの靴の質素な佇まい。キズや雨にも強い脂分を多く含んだオイルヌバック素材。継ぎ目や縫い目のない、簡素で合理的な製法。とてもめずらしいシューレースホールが一つしかないデザインですが、想像以上に足をホールドしてくれます。足なじみが良く、素材に近い感覚は、大地を踏みしめる喜びが隠されています。『落穂拾い』に見る哀愁と郷愁。

それは自然への畏怖を噛みしめ、自然と向き合うことでしかない愁《うれ》いが生む、儚き美しさ。そしてその愁いとは裏腹に、五穀豊穣を願い、大地を踏みしめるという楽しみと喜び。

人間が二足歩行を始めた瞬間から。

地球との対話を唯一許されたその足に、その大地に想いを馳せながら。

大地の歌を聴きながら。

—春にして君を想う—

EEL《イール》の「サクラコート」

春になると必ずこのコートを毎日のように着ます。

3月の中頃にもなると、このコート着たさにソワソワし始めるほどです。

桜が咲き始める4月上旬。まだ肌寒いとはいえ、冬のウールコートでのお花見はなんだか味気ないもの。満開の桜の下、大切な友人や家族、大好きな恋人とのお花見。こんな素敵な一日に「どうしておしゃれを楽しまないのだろう」という、とても単純な疑問がきっかけでこのコートは生まれました。

不思議なものです。普段は花を見て「キレイだ」なんて口に出しては言えない男性だって、桜の前では素直に「キレイだ」って言えるのです。会社の同僚たちとのお花見。普段は口うるさい上司も桜の下では缶ビール片手にニコニコしている。「本当はいい人なのかなぁ」なんて思うこともあるはずです。

満開の桜の下では、誰もがみんな素直で笑顔なのです。

「EEL」のデザイナー高橋寛治さんは会うといつも楽しそうにしています。そのせいかEELの服に初めて出逢ったときの印象は「楽しい洋服」。

高橋さんの高校時代からの同級生で相方の渋谷文伸さんも入って3人で会うと、さらに楽しさは倍増します。洋服ができあがるまでのエピソードやネーミングに始まって、いつも話は脱線、あらぬ方向へ逸れていくのですが、なぜだかそれも心地よく、その一つ一つの楽しさがEELの洋服の楽しさにつながっていきます。

春を楽しむ、お花見を楽しむのと同じようにおしゃれを楽しむ。
洋服はやっぱり楽しいものです。
毎春、桜が咲くたびに想います。
満開の桜の下、このコートと共にたくさんの笑顔が生まれますように。

―天地有用―

n100《エヌワンハンドレッド》のポプリンアーミーパンツとポプリンアーミースカート

初めて「n100」のお二人に出逢った日のことを昨日のことのように憶《おぼ》えています。中でも最も鮮明な記憶は、代表の大井幸衣さんがはいていたこの白いスカート。リブのカットソーの肩からかけたカシミアセーターに白いスカート、レギンスもタイツもはいていない素足の足元には「BIRKENSTOCK」のシルバー色のマドリッド。本当になんてことはないシンプルなコーディネートなのに、なぜだかカッコいい。

多くの人が白いボトムスを敬遠する理由は、「汚れそうだから」。でも、汚れやすいという意味ではトップスだって同じです。要は簡単な話、白いボトムスもトップス同様にザブザブ洗えばよいのです。汚れがひどければ漂白すればよいのです。

そう思えば話は早く、こんなに便利なものをなぜ今まで着てこなかったのだろうと後悔するかもしれません。いつもは上半身にある夏の主役の白が下半身にくるだけで新鮮な感じが生まれます。そして暗くなりがちなコーディネートの差し色として、冬の白も同様に新鮮です。

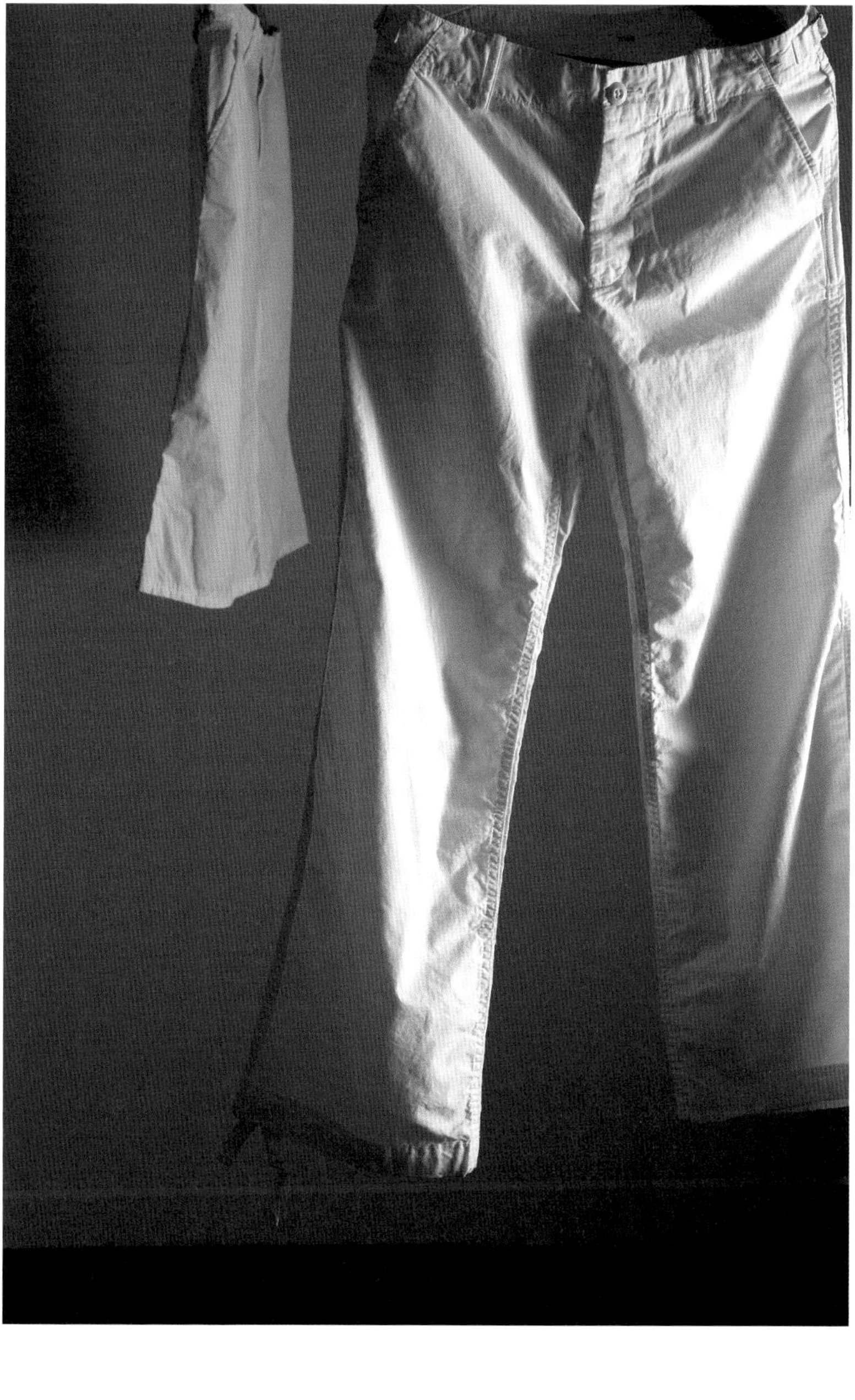

このパンツとスカートは、メンズブランドがよくデザインソースとして用いる「ベーカーパンツ」がベースになっています。ジーンズやチノパンツと並んで作られる、カジュアルには欠かせないパンツです。

魅力をあげていくとキリがないのですが、n100のアーミーパンツとスカートシリーズが他社のものと違うのは、ポプリン生地でできているということです（一般的には本来のベーカーパンツにならって、バックサテンやヘリンボーンなどの厚みのある生地を使用します）。ポプリンは薄手でハリのある生地。旅先などで仮に汚れても速乾性があり、翌朝には乾いています。それゆえこの白いアイテム一つで身軽に旅行も楽しめるのです。

ウエスト部分に付属するアジャストベルトは、ワンサイズぐらいサイズを変えられます。スカートは、真夏もデニムやチノクロスより薄手で涼しく、秋冬はタイツなどを着込みやすくしてあります。パンツは、ワンピースの下のレギンス代わりとしても。

会うたびにかなりの頻度で白いスカートとパンツをカッコよくはくn100の大井さんと橋本さん。「布教活動みたいなものよ」と笑顔で答えてくれます。

こんな素敵でカッコいい白の教祖。憧れて入信する人はもちろん後を絶ちません。

JOHN SMEDLEY《ジョンスメドレー》のシーアイランドコットンニット

―200年分の笑顔、10万分の1の綿―

洋服屋さんで働き始めた頃、憧れていた人が皆着ていたニット「JOHN SMEDLEY」。

JOHN SMEDLEYのニットは、春夏と秋冬のシーズンで大きく二つの素材に分かれます。

春夏はシーアイランドコットン。秋冬はファインメリノウール。

憧れの先輩がこぞって着ていたのはシーアイランドコットンです。

カリブ海に浮かぶ西インド諸島の一部でしか育てることができないシーアイランドコットン。日本では海島綿と呼ばれることもあります。JOHN SMEDLEYでは1922年にアンダーウエアに採用したことがきっかけでした。かつて英国王室では、綿にシーアイランドコットンを使用するしきたりがあり、特別な綿の輸出にはエリザベス女王の許可が必要なほどだったそうです。世界中の綿生産の10万分の1にしか満たない貴重なシーアイランドコットンの中から、さらに選りすぐられた素材をJOHN SMEDLEY社の製品に使用しています。

そして、1着の製品を作るのに1・5キロメートルの糸と120万もの網目を必要とする製法。首まわりの裁断やボタンつけなどの35の工程は、このニットを愛してやまない3世代にわたり勤務する家族や、50年以上も従事している職人気質な人々の手作業で行われています。

日本のマーケットでは、春夏のシーアイランドコットンと秋冬のファインメリノウールが半々の売り上げです。にもかかわらず洋服屋さんにシーアイランドコットンが絶大なる支持を受ける理由は、春夏には直接肌に触れることでわかる感動的な着心地や室内での冷房よけとして、さらに秋冬の上着の下にも一年を通してあますことなく使えるからにほかなりません。

シルクに見紛《みまご》うほどの艶のある表情は、デニムカジュアルからドレスコードの装いまでをこなすマルチプレイヤーぶりも発揮します。

１７８４年の創業。日本は江戸時代真っただ中です。鎖国をしていた日本のはるか彼方の英国で、すでにこのニットが作り始められていたのは驚きでしかありません。

家具や器、アクセサリーは１００年経って初めてアンティークの名を受けますが、JOHN SMEDLEYは１００年を往復し歩き続けています。

このニットは、もしかすると１０００年を経てもあり続ける洋服なのかもしれません。カシミアにもないこのニットのしっとりとした極上の肌触りは、ヘップバーンも私も分けへだてなく、これまで２００年以上も多くの人々を笑顔にしてきたのですから。

―あの手袋―

GLEN《グレン》 GORDON《ゴードン》のニット手袋

ブランドやメーカーの知名度を超えて愛される名品があります。

「GLEN GORDON」はスコットランドのニット小物を専業とするファクトリー（工場）メーカー。マフラーや帽子も作っています。その中でも秀逸なのが、この手袋。

素材には、ジーロンゴラのウールを使用しています。ニュージーランドの特定地域ジーロン地区だけに育つラムズウールの中でも、最も上質といわれるジーロンラム。それにアンゴラの毛を混紡した素材。温かさと弾力性に富んだ手袋にはうってつけのコンビネーションです。

形はフィンガーレスのミトン型。携帯電話の操作や小銭の出し入れを容易にする指の出る手袋は、現代社会では不可欠なデザインです。指先まわりと手首はすぼまっているのに、手のひらにくる部分は少しゆとりをもって作ってあり、それがなんともいえない可愛らしいシルエットを生み出します。

短いタイプは一般的な手袋に近いのですが、長いタイプは様々な使用方法が期待できる進化バ

ージョン。手袋というよりはアームウォーマーに近い長さです。ゆとりのある部分が40センチもあるので、ニットの上からも容易に通すことが可能です。袖口から風の侵入を防いでくれるだけではなく、袖の短いコートやポンチョ、ベストなどを着るときの強い味方にもなります。そして親指を出す部分をかかとに合わせて少したるませて履けば、簡易レッグウォーマーに早変わり。上へ下へ縦横無尽の活躍です。

ひと冬を共にするとその温かさと便利さに誰もが魅了され、必ず色違いが欲しくなってしまいます。買った日についていたはずの紙製のタグは、当然もう手元にはありません。「GLEN GORDON」この名を憶えている人もいるはずもありません。だから決まって皆さんは口にします。「あの手袋」と。

n100《エヌワンハンドレッド》のソフトスウェットジャージーフードジップジャケット

―nに込められた想い―

「n100」のブランドの頭文字の「n」には様々な想いが込められています。

- 日本語のニットの頭文字「n」、そして日本の「n」。
- nothingの「n」。
- 必要という意味の英語、necessaryの頭文字の「n」。
- なんでもない洋服の頭文字「n」。

思いつくイメージの頭文字に「n」というキーワードが溢れ、そこに「もしかすると100年経っても着ているかもしれない」のコンセプト「100」が合わさってn100。

「なんでもないのに……必要なもの！」

「なんでもないのに必要なもの」。

それは矛盾した響きのようにも聞こえます。デザインに特徴のないものはファッションという荒波にのまれていくからです。ただ本当に良いものを作ればきっと気（着）づいてくれる人がいるに違いない。そのなんでもない洋服がとても必要なものであるということを。

それゆえ、一見なんでもないn100の洋服の中には、カシミアアイテムに始まり、名品と呼ぶにふさわしいものが多数存在します。

その中にあって、このパーカーは「メンズライク」という切り口の名品。同じものをこの世に流布させないためにも細かな言及は避けたいところですが。

「2トビ裏毛」という編み方の柔らかな素材。タイトそうな見た目を覆す、ストレスのない着心地と適度なフィット感。脇下から裾にかけてのシルエットの削ぎ落とし方が秀逸で、開閉時共に美しいシルエットをキープする稀《まれ》な存在です。

フードは立体性が豊かでありながら、かぶることを目的とはしていないかのようなコンパクトさ。アウターやストールなどを受け入れてくれるほどよい大きさです。

これらが「メンズライク」たるゆえんです。～likeはあくまで「～のような」という意味。機能を優先するメンズそのものではなく、あくまで肩のこらない最良の着心地と、極めて上品な佇まいを演出する細やかなサイズ感が「メンズライク」に優先されています。

それに対して、袖や裾の深いリブ幅とそれを縫い合わせる2本針や粗目の霜降りの色味、その

あたりにメンズ服の雰囲気をうまく残してあります。

「メンズライク」は女性目線でしか作れない、あくまでも「メンズのような」もの。シンプルであればあるほど、そこに個性を宿すことは難しい。でも人間が少しずつ違い、そして知れば知るほどに大きく違うように。このパーカーも見た目は少しの違い、そして着れば着るほどに大きく違っていることに気づきます。


人生でかけがえのなき唯一無二の大切な人に出逢うように。

「なんでもないのに必要な」その唯一無二の洋服との出逢い、「n」の頭文字に込められた想い。

―憧れを着ること―

Glenmac《グレンマック》のカシミアニット

ニットは、その非合理さに加えてフリースや安価で温かなハイテクインナーなどの出現により、今一番存続が危ぶまれている洋服の一つです。ここ数年に至っては「名品」と呼ばれるものにもその危機が押し寄せているほど。

「CHANEL」が存続の危機にあったスコットランドのニット製造ブランド「Glenmac」社を昨年買収しました。永年にわたりCHANELのニット製造の主軸を請け負っていたGlenmac社。買収するということは、それほどまでにクオリティーに信頼をおいていたからにほかなりません。興味深いことにその買収には称賛の声が上がりました。Glenmacの工場で働く人々を救ったと同時に、「CHANELのニットを作る工場」に若年層の労働希望者が改めて目を向け始めたからです。

Glenmacのカシミアニットの素晴らしさは、まず「色出し」が美しいことです。

目を見張るのは染め分けの技術。世界最高峰のカシミア糸を生産する「Todd《トッド》 & Duncan《ダンカン》社」の糸を使用しているのですが、白系の色味だけでも10色近い白を作ることができます。もちろん白以外にも選ぶには悩ましいほど豊富なカラーサンプルがあり、鮮やかな色にも上品な印象を受けるものが多く存在するのも魅力です。

次に「リンキング」と呼ばれるつなぎ部分の美しさに定評があります。カットソーや布帛のつなぎ合わせとは違うニット特有のリンキング。近年ニットが存続の危機にあるのは、このリンキングの手間もあげられます。

また製品洗浄後のプレスも秀逸です。美しくふっくらとカシミアの質感を最大限に引き伸ばすプレス技術です。

ずいぶん長く服の仕事をしていても、毎年新たな憧れの「名品」との出逢いがあります。最高の素材に手間ひまをかけた非合理の結晶のような「名品」たち。憧れの洋服を毎年一つずつ購入してみる。それも、洋服を楽しむコツかもしれません。これからもその憧れが大切に作り続けられることを日々願いながら。

―運命の白い糸―

minä perhonen《ミナペルホネン》の「yuki-no-hi」

一枚の布に、見慣れたはずの日常の風景が広がる。

東京の真ん中を走る中央線に乗り、阿佐ヶ谷駅を通り過ぎたあたり。

車内アナウンス、下校する女子高生のたわいもない会話、読みかけの小説を手に居眠りするサラリーマン。車内の喧騒をよそに瞳を閉じる。

その静けさは耳を澄ませた、窓の向こうに聞こえてくる。

「しんしん」とかすかな雪の音。音はやがて色彩を帯び始め「音色」となる。

曇天と電柱の風景に世界を染める白い雪。その風景は瞼《まぶた》の奥にグレーのグラデーションと白の優しいコントラスト、色の「景色」を記録する。

鼻をくすぐる季節の匂い。家路に向かう幸せの電車の窓辺に家族の笑顔を浮かべてみる。

それは「一編の詩のように語りかけてくる布」との出逢い。


「yuki-no-hi」

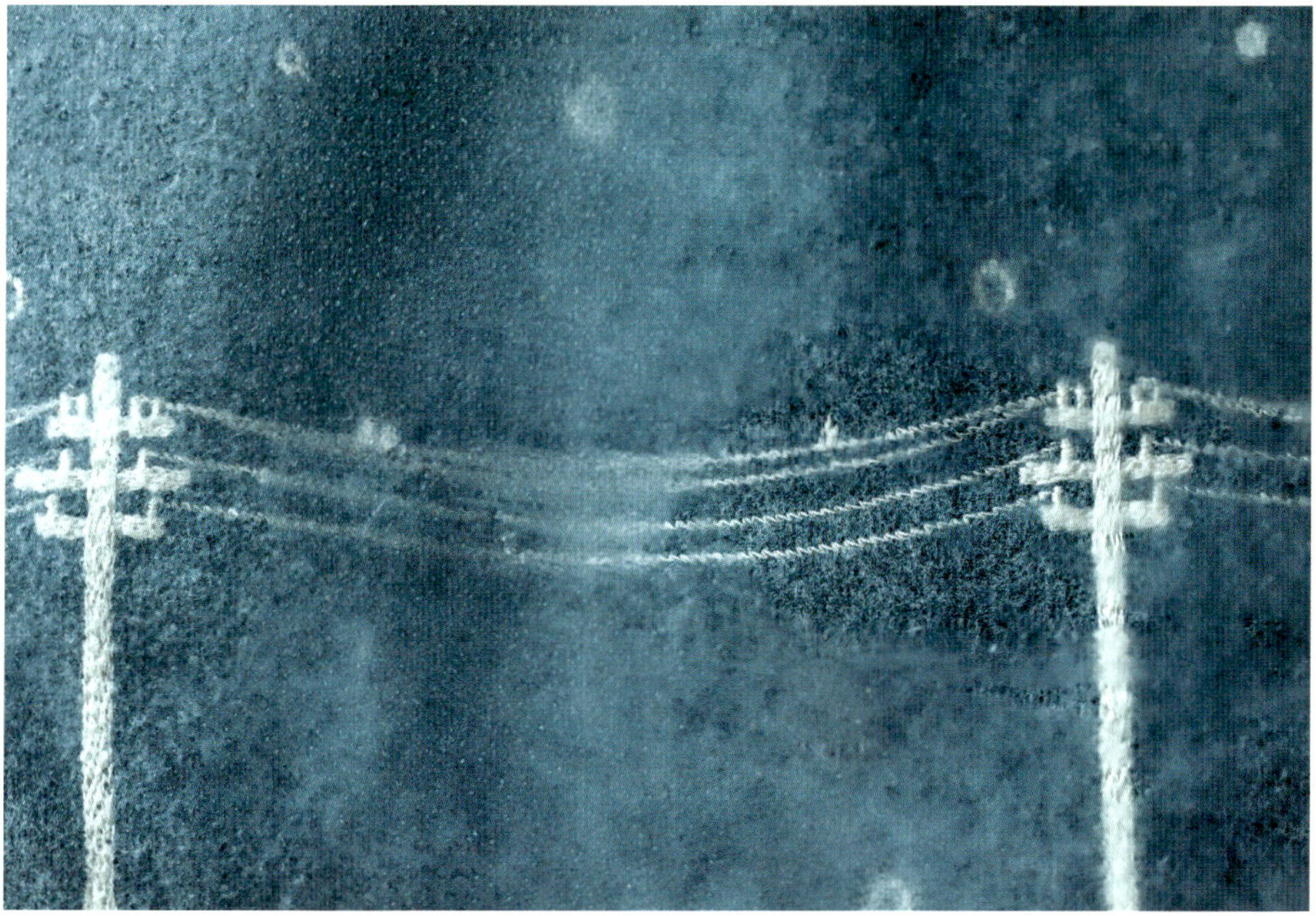

かつて「minä」のアトリエがあった阿佐ヶ谷から自宅までを歩いて帰る、デザイナー皆川明氏の瞳に映った、ある日の記憶と記録。

フィンランド語で「minä」は「私」、「perhonen」は「ちょうちょ」を意味する言葉。ちょうちょのまわりに吹く風の心地よさ、時として向かい風にも追い風にもなる、見えていないものへの大切さをテキスタイル（布）に映し出します。

「誰かのために特別な何かを作ろう」その想いよりも、「それを手にした人が喜んでくれるに違いない」そのおおいなる素敵な思い込みの空想力が、minäらしい物作りの原動力となり、手にした人の想像力に語りかけ、特別な日常の中にある、ささやかな高揚感を連れてきてくれます。

デザイナー皆川明氏が描いた絵を、たくさんの人の手を伝ってできあがるテキスタイル。途方もない時間と手間を惜しまず形にしていく、物作りのバトンリレー。

バトンリレーの最終走者は私たち、その手を伝わってきた熱い想いは、洋服が楽しいものであるということを再び私たちに静かに語りかけてくるようです。

大きな空に絵を描くように、真白な綿のような雪が降り始める。その真白な綿で紡がれるような糸が織りなすテキスタイルが語りかけてくる、絵空の言葉。
minä perhonen が描き続ける、誰にでもある特別な日常の風景。
絵空の言葉が描く、その幸せ行きの始発電車に乗って。

雪の日について

「poefu」のオープンに際して一番苦労したのは、お店の場所選びでした。

横浜から始まり、鎌倉→二子玉川→渋谷のど真ん中→三軒茶屋→駒場東大→代々木上原→代々木八幡→学芸大学……。京都の会社勤めを続けながらの物件探しは、なかなか思うように前に進みません。毎週の休みを様々な地域で50件以上の物件を見てまわっていました。お店の場所が決まらないと色々なことが前に進まない。そんな状況に焦りが募り始めた頃、「minä perhonen」のデザイナー皆川明氏に相談をしました。

「色々なことを考えると、きっと西荻窪しかないんじゃないのかな」

「西荻窪!?」

西荻窪は大好きな街だったけれど、古道具やアンティーク屋さんが軒を連ねる街という印象。新宿にも近く、なんでもありそうな吉祥寺の一つ手前の駅で、地元のお客様以外の方にわざわざ来ていただけるのか。おまけに西荻窪駅は土日の中央線が止まらないのです。

そんな理由から、考えてもみなかった皆川さんからの提案でしたが、藁《わら》にもすがる想いで、翌週西荻窪を訪れました。２年ぶりに訪れた西荻窪を散策がてらに歩いてほどなく。

「絶対にここがいい」

何かに導かれるように、そう言った妻が見つけてくれたのが今のお店の場所となる松屋ビルでした。都内とは思えないのんびりとした空気感と、個人経営の個性的な小さなお店がちょうどよいくらいに集まる街の規模。駅近くの細い路地を入った隠れ家のような昭和30年代の古い建物。老舗の和菓子店のように金色の草書体で書かれた、味のある「松屋ビル」の文字。今では見ることのできない方眼マスの大きなワイヤー窓で額装された景色には、中央総武線の高架と大好きな空が広がります。

「西荻窪しかないんじゃないのかな」

皆川さんの答えが、私たちに心地よい追い風を吹かせてくれた忘れられない瞬間でした。

そして皆川さんに西荻窪をすすめてもらったときから、ずっと頭の中にあったのが「yuki-no-hi」のテキスタイルでした。

お店の場所が西荻窪に決まって、すぐに皆川さんに報告をしました。

それから、多忙な毎日をお過ごしの中、白金台のプレスで3週にわたって打ち合わせが始まり、「poefu」のオープンに向けてデザイナーに留まらないたくさんのアドバイスと、15年間のminä perhonenの物語を聞かせてくださいました。手作りの資料に丁寧に目を通して、一つ一つに耳を傾けてくださり、力強く言葉をかけてくださいます。

3度目のアトリエでの打ち合わせの最後に言ってくださった言葉。

「もう大丈夫。（ここまで一生懸命に話し合って、共に考えてきたのだから）絶対に大丈夫だから」

ファッション業界という逆風の中を、常に確かな信念で突き進んできた人からいただいた言葉。しっかりと根を張った樹木に穏やかに差し込む木漏れ日のような、優しさに溢れた言葉でした。

minä perhonen は1995年に皆川さんの八王子の自宅兼アトリエで「minä」というブランド名でスタートします。初めての展示会は、自宅1階の鴨居にかけられた一から作った二つのテキスタイルのわずかなコレクション。訪れてくれたバイヤーはたったの5人だけだったそうです。minä だけでは食べていけなかったので、早朝から魚市場でアルバイト、お昼過ぎから自身の minä の仕事がスタートします。睡眠時間は2~3時間ほど。minä の未来への希望が皆川さんの睡眠欲を上回っていたのかもしれません。

1999年、四年目に少しずつ minä を知る人も minä のスタッフも増えて、自宅から阿佐ケ谷にアトリエを移します。その阿佐ケ谷にアトリエがあった頃、当時の自宅があった荻窪に帰るある日の景色を描いたテキスタイルが「yuki-no-hi」です。

minä がスタートして5年ほど経った頃、妻から教えてもらって少しだけ知っていた

minä の存在。数あるクリエーションの中で不思議な感情を揺さぶられた「yuki-no-hi」のテキスタイル。

「布の中に電柱!?」

初めて「yuki-no-hi」を見たときの率直な印象です。

ボーダーや花柄などの普遍性もなく、レースやリボンなど可愛いと感じることが到底できないような柄。メンズブランドに多く見られる普遍でもなく、レディースブランドが目指す可愛いでもない。電柱に降る雪景色。たわいもないないはずの日常を描き出した布でできた洋服や鞄たち。

誰にでもある既視感としての風景の記憶と記録。

なぜか私の心はすうっとその布に入り込んで、なんでもない日常の中にある、大切で穏やかな気持ちを感じていたことを思い出します。

布に宿された言葉を持たない物語。その布に描かれた景色の物語は、やがて一編の詩のように私に語りかけ始めます。

刺繍で描かれる灰色の冬空の冷たさを織りなす織彩《しきさい》。電線に止まったつがいの小鳥に見える家路の向こうにある優しい家族の温かさ。冬景色の香りと温かな夕餉《ゆうげ》の四季彩《しきさい》。しんしんという音を奏でる雪景色の白い刺繍糸の色彩。

瞳を閉じていても冬の静けさと寒さを肌が感じ、涙腺が揺さぶられ、耳にはかすかな音が響き、鼻をくすぐる匂いがしてくるかのようです。驚きの先にある不思議な優しい安堵感。五感を刺激する不思議な感覚。

それは私が知っている洋服とは、全く別の世界でした。

poefu のある西荻窪は、偶然にも中央線の八王子と阿佐ヶ谷の間にあります。

縁もゆかりもない西荻窪に、皆川さんが垂らしてくれた運命の糸で始まった poefu。

不思議な感情を揺さぶられ、洋服の物語の始まりを教えてくれた「yuki-no-hi」に描かれた白い雪の刺繍糸のような運命の糸。

オープンして2か月後の5月7日、皆川さんが poefu を訪れてくれました。

優しく射し込んだ陽の光、お店の窓から見える中央線と空を眩しそうに見上げながら。

「オープンおめでとう、本当にここで良かったね」

偶然が必然に変わる瞬間、その運命は確かな風景に変わります。

東京に来てから3度の冬を迎え、何度も雪の日がありました。

中央線に乗り荻窪から阿佐ヶ谷に差しかかる頃、窓の外につい目をやります。

阿佐ヶ谷駅の近くに、撓《たわ》んだ電線の電柱が並ぶ景色が見えてきます。

いつか皆川さんが見た、雪の日の景色のデジャブを探して。

四章

「絵空の言葉」

―洋服の声を空に描いて―

大切に作られた洋服に、
注ぎ込まれた愛情の数だけのエピソードと物語。
愛しい洋服たちに耳を澄ませば、
それらはかすかな声となって聞こえてくるはずです。
見上げた空に想いを巡らせて、自由に空想を楽しむかのように。
限りなく続く、ひとときも同じ表情を見せることのない空の模様に、
洋服たちから聞こえてくる、かすかな声を言葉にのせて。

—絵空の言葉—

EEL《イール》の「オリオンコート」

吐く息の白さが冬の寒さを教えてくれます。その純白は冬の闇夜にしか映し出せない、瞬く間に消えていく儚《はかな》くも強き生きている証し。

見上げた夜空に幾千の星。その煌めきは昼の青空には映し出せない、今はあるともわからない６００年以上を旅してきた瞬きの光。

座標軸もない大きな空に、星という点を神話になぞらえ、物語という線で結びます。神の名「オリオン」という名をつけて。毎日どこかで生まれる無数の洋服に、神話という物語をそえて、その温かさが闇夜を美しく純白に染めます。神話の名「オリオン」という名を記して。

EEL春の名作「サクラコート」の続編、「オリオンコート」。冬の夜空の代名詞、オリオン座の名前をつけたコートは、冬が待ち遠しくなりそうです。カシミア混のメルトン生地は、このコートのために作られたこだわりの素材。メルトン本来の目の詰まった素材感に、カシミアの柔らかな風合いが心地よく重たさも感じません。珍しい杢《もく》のネイビーは、まるで星明かりに照らし出

された夜空をそのまま身にまとっているようです。サクラコートと同じ、無双と呼ばれる縫製糸が外に出ないスッキリとした印象は、合わせる洋服を問わず、性別を超えたくさんの方に愛される、冬の定番のワードローブに加わりそうな予感です。

虚空に絵を描くように、大きな空に描かれた神話。その物語と夜空をまとうようなオリオンコート。今も昔も変わらず、夜空を見上げる人は、きっとロマンチストなのかもしれません。オリオンコートを着るたびに、冬の夜空を見上げるのを楽しみにしています。今は消滅しているかもしれないオリオン座の一等星、ペテルギウスの煌く瞬きを瞳に映して。

吐く息の白さは冬の寒さと生きている証を教えてくれます。このコートが温めてくれる、自らの生を知る美しく強き純白を闇夜に写して。

―ヒロインに憧れて―

TORCH《トーチ》の靴

アニメーション。子供だけではなく大人も楽しめるものが多くなった時代ですが、幼少期に見たそれは夢に満ち溢れています。

その世界の住人たちの履いている靴を実写化したら「こんな感じ」と思える靴。

「TORCH」。松明《たいまつ》と名づけられた、ハンドメイドの日本のレザーシューズです。

この靴は、ほとんど女性靴には使われることのない、フランス産の非常に堅牢な雰囲気のショルダーレザーを使用しています。見てすぐにわかるほど厚みのあるレザーは、どちらかというとメンズのワークブーツや鞄など、強度を目的としたものに使われているもの。トラ斑と呼ばれる革の模様が無地の中にまだらに浮かんでいます。粗野で素朴な印象を消さずに、革一つ一つの個性が美しさにつながります。

縫い目はかかとの下部にわずかにあるのみで、スタイリッシュというよりも、絵がそのまま靴になったようにデフォルメしたような印象さえ受けます。

たとえるなら、パンみたいな容姿の靴。

見たことがないはずなのに、そんな表現がシックリとくる靴。
どこか懐かしい、子供の頃に見たアニメーション世界の記憶を呼び起こします。

屋根裏部屋の藁で作ったベッドで朝を迎える。
魔法の箒《ほうき》にまたがって、自由に空を飛びまわる。

いくつになっても女性は、ヒロインに憧れる夢見る少女でいいと思います。
大人になっても洋服の世界は、夢見るようにワクワクするものだと思うから。

CHRISTIAN PEAU《クリスチャンポー》のレザーバッグ

―美しき旅の便り―

旅から届く便りにはその国の切手と消印
普段は手紙なんて書きそうにもない
あの人の愁いをのせた言葉足らずの便り
眼前に拡がる景色に想いを馳せる
旅先の高揚の記憶をのせたその記録

「CHRISTIAN PEAU」のデビューから変わらぬテーマ「素朴と旅」。
デザイナーの小池淳也氏が旅先で見た、一瞬の瞬《まばた》きをも許さぬ「刹那《せつな》」の風景の美しさと、「切なき」旅の郷愁。その「切なき刹那」の旅の記憶を美しい無限の自然の色になぞらえて、レザーの鞄に記録のように映していきます。それは彼から私たちに送られてきた、旅先からの言葉足らずの手紙のようです。

マラケシュの乾いた赤い世界
紺碧《こんぺき》のチュニジアの海
砂漠の民に映る黄金色の影
モンマルトルの石畳
紫立ちたる雲の細くたなびく日本の空

世界中で彼が見た美しい記憶は、鞄に記録として刻まれます。刻一刻と移り変わるその景色と同じ美しき色を携えて。永き人生に一刻も同じ時など存在しえない、その尊き刹那の色になぞらえて。

そのはるかなる無限色は、時として言葉よりもはるかに雄弁に私たちに語りかけてきます。鞄に描かれた旅先の風景の色描写。

国内では稀有なレザーの製品染めにより生まれる、一つとして同じものは存在しえない表情の鞄。ムラを帯びた深淵な色は、使うたびに隠された色を露出させながら、新たな色味に変化します。持ち手と共に対話し、シミや汚れでさえも思い出の断片のように刻まれて、美しさを増し続けていくのです。

それは日常の風景とは異なる、新たなる世界との出逢いへの期待と高揚。

旅先で募る郷愁は、故郷への想い、普段口には出せない大切な人々への感謝の言葉。
この鞄に魅了されるのは、私たちが旅に出る理由に似ています。
旅先で愛する人へとしたためる、言葉足らずの手紙。
その言葉にならない理由に似ています。

Pois《ポイ》 E《ゼ》の鞄「BAGATELLE《バガデル》」

―耳を澄ませば―

作家、平岡あゆみさんの作る物には、大手アパレルブランドのような派手さはないものの、静けさの中に平岡さんの人柄が垣間見えます。

その物たちに耳を澄ませると、静寂の彼方に聞こえる穏やかな音色、目を閉じると優しさに溢れる景色が広がってきます。

「ザクッ、ザクッ、ザクッ」大きなキャンバス生地に縦横無尽に鋏《はさみ》を走らせる音。

心地よい緊張感を携えて迷いなく直線を、柔らかに曲線を裁つ、その美しい手元。

「ダダッ、ダッ、ダダダダッ、ダー」布をさばく手とミシンのペダルを踏む足、まるでピアノを奏でるかのように躍ります。

JUKIミシンが強弱の和音を奏でながら、まだ形のない布に小さな命が宿り始めます。

「パンッパンッ」完成した鞄を自宅で洗濯後に干す音は、産湯に浸けて生命を吹き込む音。お気に入りのレコードの音楽も平岡さんの鼻歌さえも、愛する我が子への胎教です。

「ポン、ペタッ。ポン、ペタッ。」一つ一つのタグに名前や色や素材を小気味よく、自らの手で丁寧にスタンプしていきます。平岡家の子である名札「Pois E　BAGATELLE BLACK COTTON100 ¥10500」。
「ビビビーッ、ペタッ。ビビビビーッ、ペタ。」きれいな段ボールには、生成りと黒の兄弟鞄たち。旅立ちの合図は梱包のガムテープ音。大切な人の元へ送られるその箱には、すぐにわかるように平岡さんらしい真白のガムテープ。

その静かな物たちに宿された、大切な大切なかすかな音。
耳を澄ませたときに確かに聞こえる、平岡さんのアトリエで生まれる物たちの音。
その穏やかで優しい音を伝えたい、その人柄と共に。
静寂の彼方に聞こえる、その穏やかで優しいPois Eという音色の物語を。

Quilp by Tricker's《クイルプ バイ トリッカーズ》の靴

—太陽と月に背いて—

二面性が同居するものにとても魅かれます。

紙切れ一枚でさえ、表と裏という相反するものの同居で存在します。

音楽やファッションを語るうえで外すことができないイギリス。伝統と格式を重んじる保守性。それに相反し、60年代のモッズ、70年代にはパンクムーブメントを生み出した英国。いずれも富裕層や上流階級へのアンチテーゼが音楽やファッションを通して唄い語られてきました。

イギリスの靴メーカーとして２００年近い歴史を持つ「Tricker's」。プリンスオブウェールズ（チャールズ皇太子）の英国王室御用達（ロイヤルワラント）の称号を受ける、日本でもよく知られたシューズメーカーです。

そのTricker'sで造られた「Quilp by Tricker's」。しかしこの靴には、Tricker's製品にあるはずの、インソールの「プリンスオブウェールズ」の絵印字が見当たりません。何かの暗号のように秘密めいたカリグラフィー風の手書き文字が連なるばかりです。

「Quilp」は、デザイナー森下正雄氏がイギリスのショップ「The Old Curiosity Shop」オーナー

の木村大太氏の協力を得て、Tricker'sで製作をしています。

ぽってりとした独特なラウンドトゥー、80年代に英国から世界に発信された、今は亡き伝説のシューズデザイナーの前衛的なラスト（木型）を使用しています。

伝統的なクラフトマンシップを継承するTricker'sの確かな靴作りと、カリグラフィー文字の奥に暗号のように隠された、前衛的な木型の顔を持ったQuilpの二面性の共存。

「伝統」と「前衛」の出逢いは、まるで必然のような美しい佇まいを持っています。

その必然は音楽やファッションが常に模索し続けてきた道。モッズもパンクも英国でしか生まれえなかったという、必然。そう思えば二面性の同居は、むしろファッションにとって必要不可欠な究極の美しさの一つなのかもしれません。

手にした一枚の紙の表と裏に「光と影」があるように。

その光と影を生み出す「太陽と月」のように。

ゴーシュの作る青い服

―青い鳥を探して―

青い春。若さの象徴としての青。

ピカソが悲哀によって向かった青の時代。

清潔感を示すがゆえに作業服として使用されてきた青。

除虫を目的に藍で染められたというジーンズの青。


青は、時として具体的な意味を持ち、時として特別な何かを秘めていて、私たちをその色へと向かわせます。

日本人の青に対する視覚認識能力は、世界で最も優れているといわれています。

そのせいもあってか日本人デザイナーの表現する、言葉では言い表せないほどの美しい青に出逢うことがあります。

青といっても、青・蒼・碧・藍・瑠璃《るり》・水色・空色・群青《ぐんじょう》・紺・濃紺・鉄紺……と様々な色がありますが、紺色ひとつとっても濃淡を細分化していくと、無限に「紺色」はあるはずで、その微妙な違いを表現する言葉は見つかりません。言葉は無力です。

目の前に広がるこの青は、はたして何色と言えばいいのでしょう。

決して饒舌《じょうぜつ》ではないゴ――シュのデザイナー泉夫妻は、どうやってこの青を染色工場に依頼したのでしょう。

もしかすると、美しい布に言葉は無力というよりも、無用なのかもしれません。

言葉の力など必要としていないかのようなこの服の青は、それくらい力強く、私たちに雄弁に語りかけてくれます。

妥協点のないゴ――シュの洋服作り。私たちがいまだかつて見たこともない、美しき青の開示。それは、言葉を超越した理想の青。


人はいつも青を追い求めます。

その無限の色の世界を彷徨《さまよ》いながら。

理想の青を探し求めて。

幸せの青い鳥を探すように。

Two Moon《トゥームーン》のパンツ
―寄り添う二つの月のように―

最近、15年以上に渡ってはき続けたパンツを新調しました。もちろん毎日はいていたわけではありませんが、たくさんのワードローブの中でこのパンツほど、「はいては飽きて」をくり返しながらはき続けたものはないかもしれません。

「Two Moon」は1991年の創業以来、アメリカンカジュアルをベースに頑《かたく》なまでに変わらないスタンスで物作りをしている日本のブランドです。

展示会形式をとらずに試作を何度もくり返し、納得がいくまで試行錯誤を続ける。一つの製品ができあがるまでに5年以上を費やすことさえあります。

莫大な経費と締め切りに追われる展示会に左右されない物作りは、このパンツに限らず完成度の高いアイテムが多く、完成度に見合わない良心的な価格設定がされています。一度リリースされたものは、余程のことがない限り廃盤にはなりません。

ファッションは10年周期で流行をくり返すといわれています。それを立証するかのように

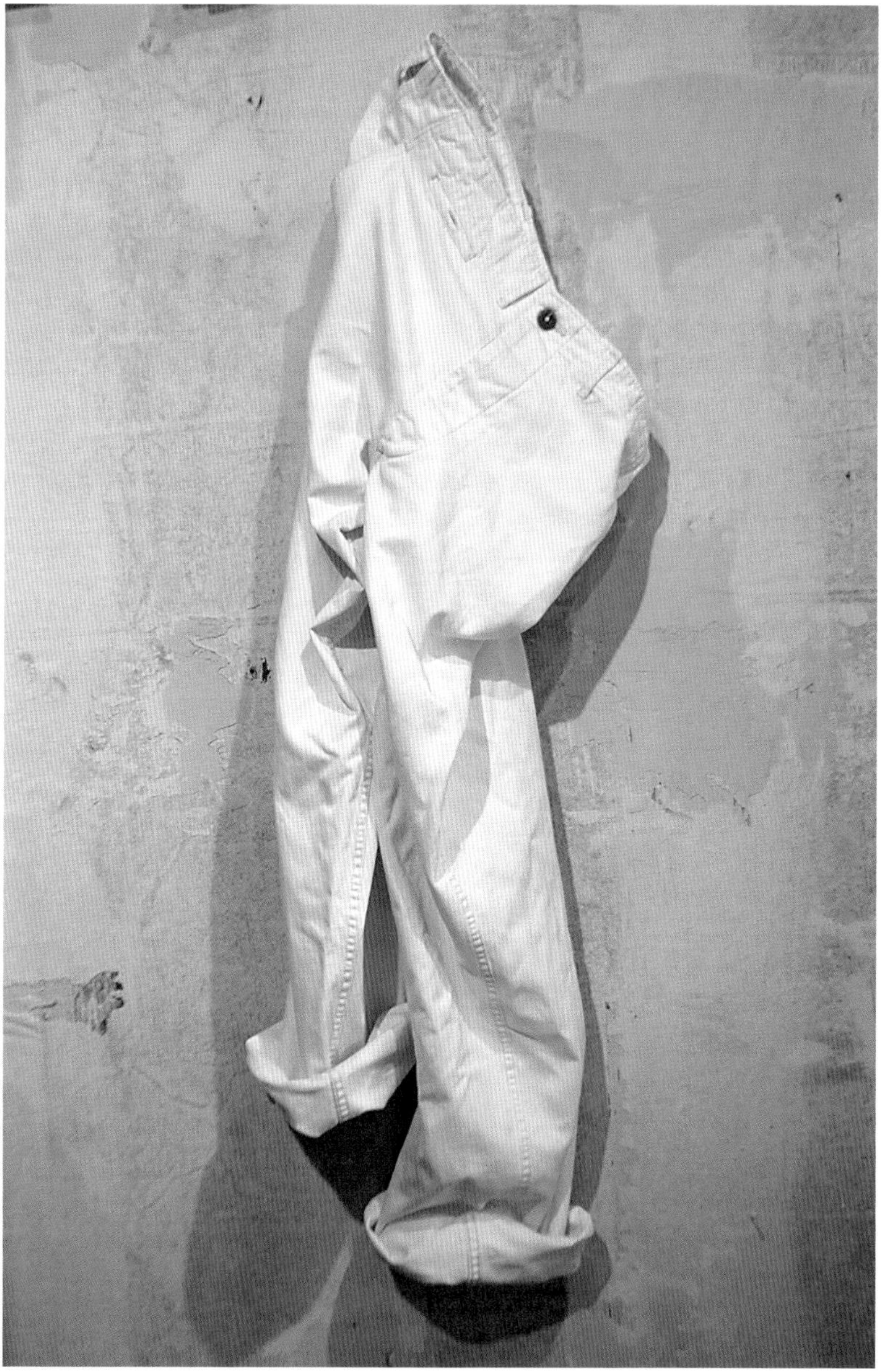

Two Moonの製品は10年サイクルで2度のベストセラーを経験しているものもあります。

このパンツはアメリカ軍の41カーキをベースにしたもの。太目のシルエットで生地は単糸チノクロスの左綾目とは逆向きの、本格的な双糸ウエストポイント右綾を使用しています。

40年前に代官山の「ハリウッドランチマーケット」がオープンした頃、毎朝代官山の街を掃除していたハリウッドランチマーケット社長のゲン垂水《たるみ》氏がはいていた、古着の白のUSネイビー。それに憧れて「あの人がはいているようなカッコいいパンツが作りたい！」と思って作ったのがきっかけという。何十年も昔の話を昨日のことのように瞳を輝かせて話すTwo Moon代表の平川登志夫氏。このパンツの知られざる誕生秘話です。


初めて買ったのは大学を卒業してすぐのこと。以前の職場「LOFTMAN」で購入しました。当時は「RED WING」のワークブーツにボタンダウンシャツや、「SAINT JAMES」のバスクシャツに白のスニーカーのコーディネート。今思えばなんてことはないコーディネートですが、アパレル業界に入って覚えたての本物志向のアメリカンカジュアルやフレンチカジュアルに、このパンツが欠かせなくてワクワクしながらはいていたことを昨日のように思い出します。色々な洋服を楽しむようになった今では、その日の気分でジャンルレスのコーディネートを楽しんでいて、最近のお気に入りは全身白のコーディネート。

このパンツがいよいよ駄目になる頃、様々な想いが駆け巡りました。年齢と共に少しずつ変化してきたはずの17年分のコーディネートに、常に不思議と寄り添い続けてくれたこのパンツ。その普遍性と完成度の高さに改めて気づかされることになりました。

まるで太陽に静かに寄り添う月のように。

新しい Two Moon のパンツもいつものように普段着に寄り添ってくれています。

すり切れてはけなくなった1本目は17年の思い出と共に衣裳棚にしまってあります。

—涙腺上のアリア—
minä perhonen《ミナペルホネン》 の「rain chukka《レインチャッカ》」

傘をささずに雨に濡れて歩くのが好きな子供でした。
雨は空の涙だと信じていて。
人間と同じで空だって泣きたいときがあるんだなぁ。
どしゃぶりの日はいっぱいつらいことがあったんだろうな。
天気雨の日は笑顔でいっぱい泣いていて、誰かとお別れなのかなぁ。
想像たくましい、一人っ子の妄想癖。
空と地球をさえぎる身体に空の涙の雫が当たる。
空の悲しみは私がそこにいていいということを教えてくれるような存在。
雨に濡れて歩くのが好きな子供でした。

「minä perhonen」が作り出す様々な表現のテキスタイルは、大人から子供服のみならず、家具のファブリックやランプシェード、端切れを使う小さなバッジにまで自由に姿かたちを変えます。
「rain chukka」。雨の花。

雨雫《あめしずく》が描く、無限に広がる波紋の美しき世界を花に見立てたプリントテキスタイル。minä perhonenのプリントテキスタイルの興味深い点は、平面の中でいかに立体を表現できるかに挑戦していることです。刺繍や織りのように生地表面に凹凸が出せない分、奥へ奥へと柄が見え隠れするような表現が必要とされるのです。

手触りでは感じることのできないプリント。何度も何度もプリントを重ねる表現技法は、触覚よりも視覚に頼るものになります。

「rain chukka」は4版のプリントを重ねることにより、浮かんでは消える水の波紋の儚《はかな》げな印象を青色のトーンで描き分けています。その青のグラデーションは、紫陽花《あじさい》の花びらのようにも映ります。一つの花びらの中に、いくつもの青を携える紫陽花の青。花の中で最も稀有《けう》な青色が意識下でグラデーションのように時間をかけて、心の奥に深く染み入っていきます。

一つとして同じ形をしていない波紋は、一人として同じ人などいない人間の個性を示しているかのようです。浮かび消えゆく儚さは、世の常ならぬ、その儚さを知っているかのようです。夏を象徴する花火の美しき儚さのようにも見えます。その波紋が幾重にも広がるように、視覚だけでなく様々なイメージを多彩に描き出します。

大人になった今でも、小雨の日は傘をささずに歩いてみます。

優しい雨の冷たさは、今も変わることなく私の存在を知らせてくれます。

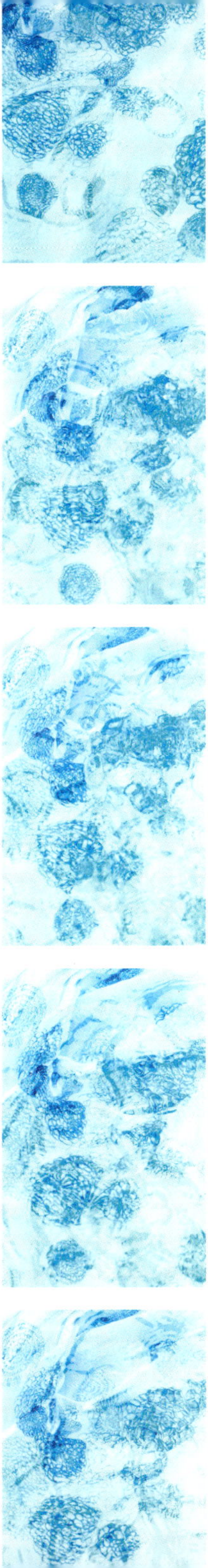

頬を伝う美しき水の粒子
悲しみに優しさを同居させた結晶

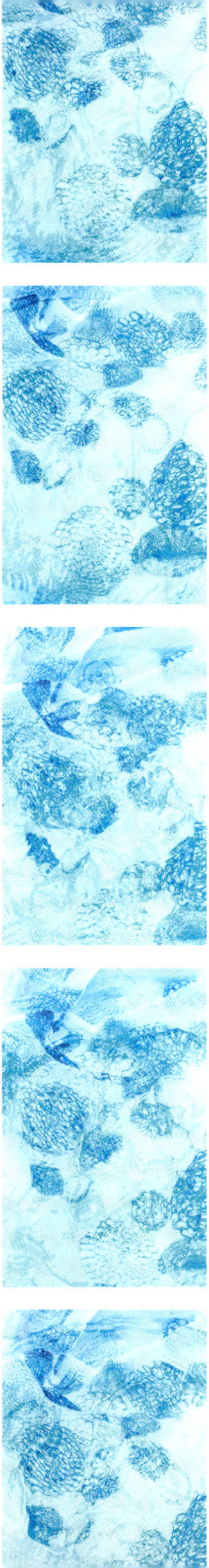

空の涙とひとつになって
川となり大きな海へと漕ぎ出す

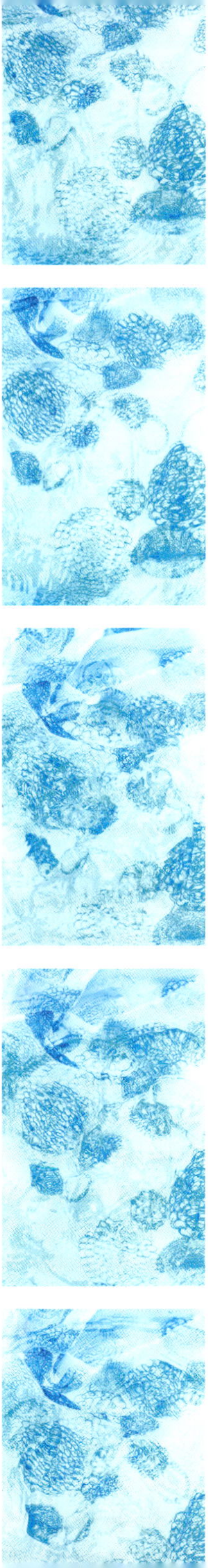

悲しみを優しく包むのは涙の粒子
しょっぱいのは涙の結晶

五章　「未来服」

―未来ある洋服たち―

小さな頃に描いた未来の服は、宇宙を旅するような洋服。
でも、それはきっと違うのです。
人の手で作られる温かみのある服、子供心を忘れないワクワクする服、
世界のどこかで新しい産声を上げる、いまだ見ぬ服。
たくさんの願いと希望を込めて。
心揺さぶられる人と、その人の手から生まれる物との出逢い。
未来ある人や未来を託せる、一生懸命な物作りとの出逢い。
それこそが私の思う、未来服です。

―合わせ鏡―

imayin《イマイエン》の鞄

古《いにしえ》より世界には数多くの布の文化、歴史があります。

機械で布を作っていなかった時代、途方もない時間をかけて手作業で行われた刺繍には、人間の手によって生み出される不思議な壮大さと手仕事の温かみを感じます。複雑な文様は、神秘的とさえ感じる美しさを布の中に宿しています。

化学染料が普及する前に、どうやってこんな鮮やかな色を天然染料で表現できたのかと目を疑うものも数多くあります。豊かな色彩感覚による色使いは、理屈では語ることのできない絶妙なバランスを成しています。

それらの布を使い、仕立てられた古の衣服を前にすると、ファッションに対しての美意識の高さを感じずにはいられません。人々が個性的なファッションを楽しみ、今の時代よりもっと自由に、美しく生活をしていたのではないかという想いに駆られます。

「imayin」は１９９８年創業のスペインのブランド。

デザイナーがバックパッカーをしていた頃に出逢い、魅了されたインドやパキスタン、インドネシアを中心に収集した古布を使用しているため、同じ規格の鞄にも全く同じ柄のものは存在しません。

この鞄は、インドのミラーワーク古布を斜めにパッチワークした躍動感のあるデザイン。

ミラーワークとは、布の中に小さなサークル状の鏡が縫い込まれたインド北西部のグジャラート州、ラジャスターン州などに多く見られる布です。

ミラーワークの布の起こりは、グジャラートなどの砂漠の多い広大な場所でも、鏡が光に反射することにより自分の存在を知らせる目的に使われていました。邪悪を反射し寄せつけない、魔除けとしての鏡本来の意味もあるといわれています。

グジャラート州をはじめ、国境をまたぐパキスタンやインドネシアにも伝わり、この地域を結ぶ道筋は、通称ミラーロードと呼ばれています。

また乾燥した砂漠地帯は、布が傷みやすく刺し子刺繍やパッチワークが布の補強を目的に盛んに行われるようになりました。

かつてイギリスの植民地化により、繊維産業の発展を遂げたインド。その発展は、この国独自の文化と融合し、さらなる面白みを増しています。あえて少子化をせず、後継者が途絶えないこの国には、数多くの手仕事も残されています。大量生産ではなしえない、この国独自の物作りに魅了される欧米のデザイナーが多くいるのも頷けます。

この布の鏡に反転し、映し出される現代ファッションの大きな潮流。

いまだ失われぬ美しき鏡の煌《きら》めきに、この布の普遍と神秘を感じながら。

Honnete《オネット》のマント

―合理の手綱を引きしもの―

仕事のせいか前世からの縁なのか、中世ヨーロッパを題材にした映画衣装につい目がいってしまいます。

中でも心をとらえて離さないのはマントの存在。

ダウンジャケットやゴアテックスの存在がなかった頃、一番上に着る防寒着としての役割を果たしていたマント。

その作りは単純明快です。円錐の頂点部を切り放したところに首が入り込むデザイン。袖がない理由は、おそらく馬車の手綱を引いたり、猟銃を構えたりするためのものであったに違いありません。軍事用の雨除けとしての古着が多く存在するのも、その理由だと思います。

袖つきのテーラードコートや高機能のダウンジャケット、ゴアテックスなどの防寒着が生まれると共に、中世の時代の寵児《ちょうじ》であったマントは姿を消すことになります。

ですがここ数年、マントは復活を遂げます。

レディースを中心に、ドルマン袖のニットやアウターが増える中で必要に迫られたということ

と、温暖化の影響で、都心部ではダウンなどの防寒着で身体を包む必要がなくなったからではないかと思っています。

簡素な作りの中に合理性を求めた、究極の防寒着であるマント。「Honnete」のマントには、イタリア製の艶《つや》を帯びた、しなやかなメルトン素材が使われています。布を裁ち切ったままの仕様は、その素材をより美しい方向へと導き、首まわりにしなやかな素材ならではの豊かな表現を演出してくれます。

馬の手綱を引く代わりに自動車や自転車のハンドルを操り、銃を構える代わりに授乳のケープとして使用する。何百年もの時を経て復活を遂げたマント。

誰かが手綱を引く流行とは無縁の、最もクラシカルなアウターの復活劇。

ダウンジャケットもゴアテックスもマントも選べる時代。

何にも左右されずにおおいにファッションを楽しみたいものです。

月の木のワンピース

―その運命の月明かりの下で―

ある日、偶然通りかかったバスの停留所の美しい名前「月の木」。デザイナーは不思議な運命を感じ、月の満ち欠けの引力に導かれるように様々な物を作り始めました。

「月の木」の物作りは、当たり前のようにそこにある大切な日々の中に細やかな幸せを感じたとき、その感覚を手に宿してぎこちなく動き始めます。

食べるもの。暮らしのもの。着るもの。

洋服の学校を出ているわけではない。パターンが引けるわけではない。ミシンが上手なわけではない。

ただただ彼女の純粋な気持ちが物作りの情熱へと導かれていくのです。

毎日はたくさんの幸せに満ちています。

鳥の鳴く声。朝の光。季節の香りや色。月のカタチ。星。

食べるもの、着るもの、暮らすものたち。

なんだかうれしい。

ささやかだけれども、幸せ。

使うたびに着るたびにそんなふうに思っていただけるように。


あまりにも不器用で純粋無垢な「月の木」のコンセプト。

純度の高い水のような潔《きよ》らかな心が生み出す物作り。

月にもその潔らかな心にも表も裏もないように、このワンピースは前でも後ろでも着ることができます。

月の光に照らされた一本の木の影のようなシルエット。

根を張るような低めのギャザーデザイン。

月に静かに照らし出された道を導かれるように歩き始めた「月の木」の洋服。

今日もこのワンピースを着てくれる誰かに想いを寄せて、潔らかな心で不得手なミシンに優しく話しかけているに違いありません。

その純粋な無垢の木が立つ月明かりの下で。

―重力をデザインする―

ironari《イロナリ》 by《バイ》 EEL《イール》の「バイヤスキーシャツ」

メンズに比べるとレディースはシャツがとても少ない。

10年間メンズ服を作ってきたEELからリリースされたレディースライン、「ironari by EEL」のシャツ。

一見するとカットソーなどによく見られるドルマンスリーブですが、襟がついていて前にボタンがあるオープンフロント、背面にはヨーク（切り替え）もあり、襟と袖口が白布で仕立てられたクラシカルな印象のクレリックシャツ（襟と袖口を白などの別布で仕立てたシャツ）になっています。

説明が難しいのですが、腕も含めシャツの前身頃の左右はそれぞれ1枚の布でできています。

それゆえ手を下ろすと、前身頃のギンガムチェックの柄はねじれてバイアス（生地の織目が斜め方向）となり、正方形の柄は一転して正菱形になります。

デザイナーの高橋寛治氏の意図は「デザインしないでデザインをしたかった」。

その意図はハンガーにかけると一目瞭然。

自然と身頃と袖の表情が変わって見えます。

布と腕（袖）は、当たり前のように重力に逆らわずに下へ落ちる。そこで上半身で唯一重力に逆らえない腕（袖）だけが自然にねじれてデザインされたようになって見える。

その重力と呼応するデザインには、デザインとしての作為が感じられません。

あたかも重力をデザインしているかのようです。


メンズ服は機能を優先し、デザインを排除していきます。ネクタイが巻きやすい首まわりや、ジャケットの中に着てもたつかず動きやすいアームホールをいかに作るかなどに執着していき、その機能がデザインとなります。

一方レディース服は、機能ではなく見た目の面白さや可愛さをプラスするデザインが重要です。可愛さを表現しやすいプリントやリボン、コサージュをつけたりといかに消費者の手に取ってもらえるか、アイキャッチの執着がデザインとなります。


メンズを中心にしてきたEELの洋服の中で一番多くを占めるシャツ。

そこから生まれたレディースブランド、ironari by EEL。

このシャツには、メンズでもなくレディースでもない未来へ向けられた提示があります。

未来服とは、洋服といかに真摯《しんし》に対峙するか、作り尽くされた定番を歪曲《わいきょく》ギリギリのところまで引き上げていき、新たな発見と驚きを見出せるかにかかっているような気がします。

この歪曲ギリギリがいつか定番と呼ばれる日は来るのでしょうか。

「鳥のように空を飛びたい」そう思った人類が飛行機で空を飛びまわることが可能になった現代、そして宇宙旅行に憧れて重力に逆らい続ける未来に。

UNIVERSAL TISSU《ユニヴァーサルティシュ》のスカート

―美しきコペルニクス的転回―

「コペルニクス的転回」

本来の難しい内容から派生して、別の角度から見ることで物事の本質が大きく転換することのたとえ。


さて、当たり前のことですが、ボトムスには前と後ろがあります。

ですがこのスカートは、どの位置ではいても正面になるように作られています。

すべてが正面なので、３６０度どこでもはけるのです。

しかもどの位置ではいても、少しずつ違った表情を見せる、とても興味深いスカートです。


素材はコットンレーヨンのカットソー生地で、膝下丈の均一な長さの透けないベーススカートを構成しています（写真１）。

その上にコットンオーガンジーの布がバイアス（斜め方向）に取りつけられ、前から後ろにかけ

4

1

2

3

7

6

5

て長くなっていく構造で、前後の長さを非対称にしてあります（写真2・3）。

動き始めると、ウエイトのあるベーススカートはそれなりのドレープで留まり、それに反してコットンオーガンジーは軽さの分ベースを離れ、光を通しながらドレープします（写真4）。

少しずつウエスト部分をずらしてはいてくと、オーガンジー部分がアシンメトリーな表情を見せ始めて（写真5）、180度回転した段階で前が長く後ろが短くなります（写真6）。

そしてそのままずらしていくと（写真7→写真1）元の位置に帰ってくるのです。

まるで地球の自転のように、クルクルとまわしてはくことのできるスカート。

360度どの角度ではいても少しずつ表情が異なるので、季節に応じて合わせる洋服や靴に応じて、様々な着こなしが楽しめそうです。

「UNIVERSAL TISSU」のデザイナーはパタンナー出身です。そしてブランド名のUNIVERSAL

（英「普遍的」の意）なTISSU（仏「布」の意）の理解を突き詰めていくことで、シンプルな中に新たな洋服の世界を切り拓きます。


かつて地球を中心に宇宙がまわっていると信じられた天動説時代、天体の謎の解明に多くの科学者が知恵を絞り、様々な説を唱えたように。

このスカートが切り拓く新たな世界。

ますます洋服が楽しくなりそうな明るい未来の世界です。

NO CONTROL AIR《ノーコントロールエアー》という洋服

―未知との遭遇―

この洋服との出逢いは、私にとって一つの分岐点となりました。

以前の職場で、名品と呼ばれる世界中の洋服を題材に服作りの基本を学ばせてもらったのですが、この洋服の出現によってその基本が大きく揺さぶられることになりました。

ハンガーにかけられている状態ではおよそ気づくことのない世界が、何かの意志を伴い、人間が着ることで躍動を始めます。

前肩からウエスト部に現れる直線。上着には許されることのないツキジワ。

通常サイズが合っていないときに現れるこのシワは、基本を逸脱しながらも「つっぱる」という身体の立体と布の平面が対話を始めるきっかけになっています。

そのシワに呼応するのは、前身頃見返し（前部と同じ布で裏に折り返された部分）の非縫製。もちろんこれも基本に反していて、通常は縫うかプレスを当てないことは上着をボンヤリとした表情にしてしまいます。ですが先の直線がこのボンヤリとした直線と布の上で出逢い、お互いを引き立

て合う。そして背中心と脇線部は、この薄い布に不適切ともいえる強さで縫われています。「ひきつる」表情は布を引っ張り上げ、裾の部分があたかも中綿が入っているかのように「ふくらむ」。洋服の中に直線と曲線が入り乱れ始め、身体の動きに合わせて躍動し始めます。

最後に、この洋服は製品染めを施しています。綿ポリエステルの製品染め。綿とポリエステルは同温度では染まりづらく、製品染めでは通常現れることのない綿とポリエステル糸の表情の違いが、布を通してうっすらと杢《もく》調となって現れます。

この得体の知れぬ未知との遭遇、それは過去の遺産としての基本を模倣することなく、新たな未来を切り拓く、私たちの知らない世界。

「NO CONTROL AIR」＝「制御されない空間」。

デザイナー米永至氏の描く世界。

未来に通ずる道を選択できる幸せは、洋服への欲求を前へ前へと進ませてくれます。

Rebuild《リビルド》 by《バイ》 Needles《ニードルズ》のパンツとスカート

―つわものどもがゆめのあと―

ミリタリーウエアがあまり好きではありません。

ミリタリーウエアが存在する限り、世界で争いが絶えないということの証明だと思うから。

20年あまり日本のファッションを支えてきた「NEPENTHES《ネペンテス》」。その代表の清水慶三氏が手がけるプライベートレーベル「Needles」から新たな企てがリリースされました。

リ・ビルドシリーズ。古着やデッドストックの洋服を再構築《リ・ビルド》しファッションとしての新たな命を吹き込む取り組みをするレーベル。

その様々なアイテムの中でも、とりわけ好きなのがこのパンツとスカートです。

二つともアメリカ軍M51BDUオーバーパンツのデッドストックパンツをベースに、リ・ビルドしてあります。

パンツのほうは大きくとられた股上が特徴のサルエルパンツ。

スカートのほうは膝丈のバルーンタイプになっています。

本物のデッドストックを利用しているので素材感はとてもチープな印象ですが、ミリタリーウエア本来の洗濯強度があってすぐ乾く利点もあるので、デニム以上に出番が多くなります。ミリタリーウエアのアースカラーオリーブは、元々カモフラージュのための色なので様々な服との相性が良く、キレイめの服をカジュアルダウンしてくれたり、マニッシュな印象を足し込んでくれたりする演出性にも優れています。そして季節を問わずに着られるのも素晴らしい点。

ミリタリーウエアといえども、サルエルパンツとバルーンスカート。

こんなもので戦地に赴きようがありません。

この洋服には役目を終えたミリタリーウエアの平和がいっぱいに溢れています。

そして争いの遺産としてのデッドストックがなくなり、この洋服が作れなくなる頃、本当の平和が訪れるに違いありません。

それは未来への願いとして、素晴らしい企ての未来服。

nosta《ノスタ》のリメイクライダースジャケット

―未来少年ナカツ―

「not standard but nostalgic」
「定番ではないけれど、どこか懐かしい服作り」

二つのパラドクスな意味合いの頭文字を冠にした「nosta」というブランド。
デザイナーの仲津一郎氏が自身のメインブランド、「or slow《オア スロウ》」の中で表現しきれないことを自らの衝動の赴くまま自由に形にする、中津氏のもう一つの知られざる顔。

このライダースジャケットのような一品は、カーキ色の市販のスウェットを解体することから始まります。ライダースジャケットのシャープさとはかけ離れたシルエットは、丸みのある柔らかなシルエット。解体からファスナーの取りつけまでを中津氏自らミシンを巧みに操って完成させます。そこからTシャツなどをプリントする際に使われるラバープリントを全面に手跡が残るように施していきます。
アメリカンカジュアルに魅せられて、学生時代からビンテージウエアの収集に留まらずビンテ

ージミシンの収集家としても知られる仲津一郎氏。初めて出逢ってからもうすぐ10年。生まれ年が同じだったことから意気投合して、長いつき合いの大切な一人になりました。

出逢った頃の印象は、好奇心旺盛な洋服好きの少年がそのまま大人になったような感じで、それは今も変わりません。彼はいつも手を動かしていて、動かなくなったミシンやバイクの修理、独学で手の込んだシルバージュエリーまでも作ってしまう。会うたびに器用な彼に感心するばかりですが、一方でこんな洋服にも出逢わせてくれるとても楽しい同級生です。


ところどころに厚ぼったさが残る全面ラバープリントの表情、レザーではない新しいライダースジャケット。一見自由すぎる洋服に見えましたが、中津氏との長いつき合いでその理由が自然と腑に落ちました。

この厚ぼったいラバープリントは、アンティークのキュノワールの器に見られる釉薬《ゆうやく》の雰囲気を彷彿《ほうふつ》とさせます。着用をくり返すことで生まれるラバープリントのひび割れは、ナイフフォークの筋道や美しい貫入《かんにゅう》のようにも見えてきます。

あたかも陶磁器を手で仕上げるような感覚の洋服、すなわちnot standardです。

そしてスウエット・リメイク・ライダースジャケット・ラバープリント。

この4つの要素は、中津氏が愛してやまないアメリカンカジュアルの王道要素でもあります。すなわちnostalgicにほかなりません。

「nosta」。大人になった好奇心旺盛な中津氏の作る未来は、今も変わらず少年のような矛盾と衝動に向き合います。

きっと今日もその未来の地図を、苦楽園（兵庫県西宮市にある地名）の基地（アトリエ）で手を動かしながら描いているに違いありません。

―未来の黙示録―

11《イレブン》11《イレブン》の洋服

未来を描く映画の世界で着ていた衣服、それが小さな頃の未来服の想像図でした。しかし、果たしてそんな未来服は、この先本当に登場するのでしょうか。

有史から現代にいたる歴史上、文化発展の中で一番の遅れをとっているのは衣服かもしれません。ジーンズは１００年の時を経てもなおカジュアルのトップの座を明け渡さず、その事実は、進化というよりもむしろ退化のようにも感じるのです。

２０１３年秋、日本に初上陸する「1111」。

私が想う未来服の最終形態がここにあります。

ゆうに千以上はあろうかという、ミリ単位のおびただしい数の小さな手絞りのワンピース。手仕事によるものだということは、頭では理解できます。ただこれをどういう基準で量産しているかということは、理解を超えています。いまだかつて見たこともないストールは、18年間のアパレル経験上から見ても、どうやって織り、染められているのかがわかりません。ボーダーの半分

はほとんど透明に見えます。蜻蛉《かげろう》の羽の危うい儚《はかな》さのようでいて、そこに確かに布は存在しているのです。ひとたび首に巻けば、まるで布が宙に浮いているかのように見えます。

「1111」の洋服は、マハトマ・ガンジーの出身地、インドのグジャラート地方で手仕事によってすべてを作りあげていきます。イギリスの植民地支配からのインド独立の父と称されるマハトマ・ガンジー。彼はイギリスからの独立を謳《うた》い、伝統的で手仕事の素晴らしいインド独自の衣類しか身につけなかった。そのグジャラートの手仕事の極みをファッションの視点で昇華する、新たなデザイナーズブランド「1111」。きっと誰もが初めて手にした瞬間、その途方もない手仕事の量と既視感のない布の美しさ、そして圧倒的なおしゃれさに、驚きと高揚を感じるはずです。

本当の意味での未来の服とは、一体なんなのでしょう。

合理性や機能性を追求することなのでしょうか。低価格を実現することなのでしょうか。

私は決してそうは思いません。

心躍るようにワクワクする洋服との出逢い、「着てみたい」という純粋無垢な欲求にかられる洋服、それこそが私の想う未来服です。

「1111」この洋服には、そんな未来の黙示録が描かれています。

六章

「幸服論」

―幸せの洋服、そのカケラたちに巡り逢う―

「幸せ」に形はないのかもしれません。
もし洋服が幸せの形だとすれば、
それは小さな幸せのカケラだと思うのです。
お気に入りの洋服を見つけたときの笑顔、
それは大きな幸せの始まりの序章です。
その瞬間に立ち会える毎日に、
洋服屋という仕事に心から幸せを感じます。
小さな幸せのカケラをちりばめた物語です。

—十年愛— Vialis《ヴィアリス》の靴

10年前に新婚旅行で訪れたバルセロナで初めてこの靴に出逢い購入しました。オフホワイトのサボのような靴。

一目惚れだったので、ブランド名すら見ずに購入。それ以来、日本で出逢うこともなく、いつものように調べることもなく、スペインの物なのかさえわからずじまいのまま。大切な日にだけ履く、とっておきの一足になりました。

アラビア靴のようにつま先が尖《とが》っていてソールをレザーでくるんだウエッジソールデザイン。特徴といえばそれだけなのですが、シンプルで存在感のある良くできた顔立ち。

なかなか再会できない片想いの靴。大切な日に履くたびにその想いは募り、何度もオーダーメイドで作ろうかと思ったほどです。

お店を始めて間もなく、この尖ったつま先、レザーでソールをくるんだこの靴に似た物を偶然にも履いている方がいらっしゃいました。目が釘づけになり、足元が気になって仕方がないの

で思いきって聞いてみると、スペインの靴のブランドで、友人がこの靴の日本の卸し先でお仕事をしているとのこと。その方のご紹介でこの靴の卸し先Mさんからお電話をいただきました。「Vialis」。そのとき初めてこの恋焦がれた靴の名前を知りました。

手元にあったオフホワイトの靴をよく見てみると、「Valis」の刻印があり、ようやく同じ靴だとわかりました。いつもどおりの遠回り。10年分の片想い。

想い続けることは大切です。

愛するものは愛する人に必ずまた会いに来てくれると信じています。

そして再会は、ある日突然訪れる。

想い続け、待ち続ける時間が長ければ長いほど、その再会はドラマチックにやって来ます。

10年の片想いが成就した今も、初めて買ったオフホワイトのViarisの靴は、変わらず大切な日に履くことにしています。

CHRISTIAN PEAU《クリスチャンポー》のレザーフラットシューズ

—願い叶うまで、私たちは旅の途中—

私と妻は買い物に出かけると、何万点とある中から全く同じものを手に取ります。あまりにも重なるので、前世でも何かの縁があったのではないかと想像してしまうほどです。

11年前、東京のとある店でデビューしたばかりの「CHRISTIN PEAU」の靴を初めて目にしました。その日も店内を別々に見てまわり、二人が「せーの」で指さしたのがこのブランドの靴。今は作られていない、すべてを革でくるんだウエッジソールのものでした。

CHRISTIAN PEAUのレザー製品は、革を染めない状態で作りあげたものを後から染色します。「製品染め」といわれる、当時とても珍しかったレザーの後染め製法です。日本国内では、まだ製品染めが不可能だった頃。ムラを帯びたレザーがどうやって作られているのか私たちにはわかりませんでした。言葉で言い表せないような美しい色をまとった靴に眩暈《めまい》を覚えるほどでした。

悩んだあげく購入は断念しましたが、それ以来、この美しい靴の存在はずっと頭から離れずにいました。

それから紆余曲折があり、7年後、CHRISTIAN PEAUと再会を果たします。

日本で製品染めができるようになったことと、パリだけで行っていた展示会を日本でも開催するということで、京都時代の職場「LOFTMAN」に案内をいただいたのです。

私には、とても不器用なポリシーがあります。お店で見かけてどれだけ「いいな」と感じた洋服でも、インターネットで卸し先を調べたりはしません。運命を信じて出逢う機会をずっと待ち続けます。近道ではなく、遠回りすればするほどその偶然の出逢いの瞬間は、必然を伴って訪れるのです。そしてそれは、人生と同じようにドラマチックです。

願い叶った7年後の再会。

7年分の待ち続けた想いは、お互いの深い愛情に変わることになりました。

そして、ちょうど再会を果たした頃にこの靴にまつわる深い愛情のエピソードに出逢います。「BLUE BLUE JAPAN」の女性デザイナーKさんは本当におしゃれな人。会うたびにご自分の会社では取り扱っていないCHRISTIAN PEAUの靴を履いています。「PAUL HARDEN」を扱っているのにもかかわらず、なぜか足元にはCHRISTIAN PEAU。シャイなKさんは、その理由を教えてくれません。

CHRISTIAN PEAUのデザイナー小池淳也氏にそのことを伝えたところ、普段は饒舌《じょうぜつ》な小池氏が黙ってしまいました。

「高校生の僕を『BLUE BLUE KOBE』で雇ってくれた人なんです」

感慨深そうに言った小池さんの言葉ですべての糸がつながりました。

当時「BLUE BLUE KOBE」店の店長だったKさんは、アルバイトの面接に来た洋服にただならない熱意ある高校生の小池氏を雇います。21歳で小池氏が退社し、放浪の旅を経てCHRISTIAN PEAUを立ち上げた後も、元上司として陰ながら部下の活躍を応援していたのです。

アパレル業界は、通称「糸偏」と呼ばれています。

その糸の先を辿っていくと、一つの洋服の蘊蓄《うんちく》には留まらない、世に知られることのない深い愛の物語につながっています。

願えば叶うと信じている、どこかでつながるその糸の先に。

何度も切れて見失いそうになるその細い糸の先を信じて、今日も素敵な洋服探しの旅に出る。

旅は人生の道標《みちしるべ》。今はまだ人生という長い旅路の途中。

DANSKO《ダンスコ》のサボ

—知られざる愛の物語—

一生愛する大切なものとの出逢い。

洋服以上に、靴にそれを感じる人も多いのではないでしょうか。

「DANSKO」は、園芸用に作られたサボ本来のウッドソールを採用せず、ポリプロピレンポリウレタンの硬質で減りにくいクッションソールを採用しています。リフトアップされ、足にフィットするレザーインソールも加わり、長時間歩行にも疲れにくく充実した履き心地を生み出します。

永くつき合える定番の身なりをしたサボに、履き心地と機能面をプラスしたDANSKO。その理由だけでも一生を共にする気配は、十分に感じることができます。

ですがDANSKOが一生のおつき合いになるはずであろう、知られざる一番の理由。

それは、DANSKO日本正規輸入代理店の「SEASTAR」代表の荒井さんご夫婦のエピソードにあります。

数年前、グリーンカードを取得し永住をするつもりでいたアメリカでのこと。荒井さんの奥様の勤め先のレストランスタッフみんなが履いていたDANSKO。厨房で履いても水や油に滑りにくく、ホールでは見た目もよく、一日の立ち仕事に耐える快適な履き心地。

このDANSKOとの偶然の出逢いが荒井さんの人生を大きく狂わせます。

その履き心地の良さとデザインの普遍性に惚れ込んだ荒井さんは、アメリカでの永住をやめて、当時、日本に正規輸入業者のなかったDANSKOを日本に紹介することを始めるのです。「SEA STAR」という名前の会社を発足したのは２００８年のこと。

日本のアパレルマーケットにほとんど知識もなかった荒井さん夫婦にとっては、さぞかし大きな決断であったことと思います。インポートブランドは、為替変動や納期の問題、商習慣の違いなど非常にコントロールが難しいのです。しかも、サイズ展開が豊富で在庫を多く抱えないといけない靴の取り扱い。

荒井さんは当時を振り返りこう言います。

「履いていて本当にいい靴だと思ったんです。毎日貯金の残高とにらめっこしながらも、信じて疑わなかった」

輸入し始めた当初は苦労の連続。スタイリストさんや雑誌社に宛てた１００通もの手紙には、返事をくれる人もいなかったそうです。でも、その信じて疑わなかった信念は、少しずつ口コミ

でユーザーに届き始めます。

荒井さんが信じて疑わなかった、この素晴らしい靴への深い深い愛情。
人生を狂わせ、一生を添い遂げることを決めた、愛するものとの出逢いの物語。

「一生もの」の洋服や靴には、そのものの良さが当然あってしかり、かもしれません。
ですがそこには、知られざる幾多の愛の物語も溢れているはずです。

SO SEA《ソーシー》の帆という名のパンツ

―草の海を駆ける、子供のように泣きながら―

後にも先にも洋服を前に子供のように泣いたのはこの洋服の前でだけ。

麦で染めた黄金色、優しい空のようなドングリで染められた灰色の布の洋服。


友人のすすめで、大阪枚方《ひらかた》市の星ヶ丘という美しい地名にある喫茶店「SEWING TABLE COFFE」の店主、玉井恵美子さんが作る洋服「SO SEA」の展示会に出かけました。

ロックミシンの痕跡は、いつも見ている洋服とは全然違って決して得手な感じではないけれど、大切に作られたものとすぐにわかります。

一つ一つにつけられた名前と、そこに添えられた詩が優しく話しかけてくるかのような玉井さんの洋服。量産目的とは無縁の、心に染み入る愛のある洋服に向けられた玉井さんの紡ぎ出す言葉と洋服。「帆という名のパンツ」。その洋服に手を伸ばし玉井さんに問う。

「これはメンズですか？　レディースですか？」

「あ、旦那さんがはかはる？　奥さん？　まぁ、そんなんどっちでもいいんやけど。ここにあるお洋服は別にメンズとかレディースとかあらへんから」

関西弁バリバリの玉井さんが続ける。

「別に誰のための服でもないんです。これは似合うて思た人のためのお洋服」


その言葉に涙が止まらなくなった。

自分の中で堰《せき》止めることのできない感情が涙となって溢れ出る。

「誰のための服でもない、似合うて思た人のためのお洋服」

洋服に携わって20年近く、いつだって自分もそう思ってきたはずでした。

普段は星ヶ丘でコーヒーを淹《い》れている玉井さんに言われたその言葉。

あまりにも純粋で無垢な言葉。理論や道理なんてものはこの洋服にはありません。

帰り際、泣きじゃくる私を玉井さんは満面の笑顔で抱き締めてくれました。海のように広い心の母のような温かい優しさに包まれる。草の海（SO SEA）と名づけられたブランドの大きな海。

このパンツをはくと、いつもその日のことを思い出します。

子供のように泣きじゃくりながらも、まだまだ知らない洋服がこの世にあることを楽しみに、自らの小さな船に帆を張って、私も大きな海へと駆け出すことができるのです。

姉妹伴《しまいはん》の洋服

―小さな姉妹の大きな物語―

「姉妹伴」は中国福建省、恵安地区に伝わる文化慣習。同じグループの数名の女性たちが幼少の頃からお互いの家を行き来し、寝食を共にします。彼女たちは本当の姉妹のような固い絆で結ばれ、結婚した後も亡くなるまで、その深い絆は続くといわれています。

「poefu」のオープン1年後に、神奈川県のたまプラーザにレディースのセレクトショップ「annabelle《アナベル》」がオープンしました。

オーナーの伊佐洋平氏とは前職から10年近い旧知の仲。メーカーでメンズ服を中心に営業企画をしていた彼が同僚の川本氏と小売店を開くという。しかも女性服の小売店。洋服が好きで仕方のない男性二人の、しかも小売経験のほとんどない男性二人の切り盛りするレディースショップ。私もメンズ服を中心に仕事をしてきたのにもかかわらず、男性一人でレディースショップ「poefu」をオープンして1年が経ったときのことでした。

同じような境遇の私を慕って、毎週のように伊佐氏は熱い想いをのせた資料を持って相談に来

てくれます。この10年ほどで多くのセレクトショップが淘汰されてきました。そんな逆風の中、自分たちが本当に愛してやまない、この世にある有名無名を問わない素敵な洋服をセレクトして紹介していきたい。あえて茨の道を歩こうと自分と同じ熱い想いを聞くたびに、固い絆で結ばれていきました。

年齢もちょうど1歳違い、お店のオープンも1年違い。他人事とは思えないような annabelle の誕生は、1歳年下の弟のような妹のような存在となっていきました。

そして、annabelle のオープンから半年。

小さなお店のオーナー二人で企画した洋服に「姉妹伴」と名づけました。

女性以上に想いを巡らせ、大人の女性に向けて真剣に考え企画する洋服。国内外を問わず、ファクトリーブランドのメーカーさんの協力を得て、私たちの想う物を形にして作りあげています。

それは小さな姉妹の物語。

洋服を愛してやまない私たちにしかできないことを少しずつ。

洋服を愛してやまない人たちに向けて。

EEL《イール》 FOR《フォー》 poefu《ポエフ》「and《アン》 3《サン》 blue《ブルー》」

―感謝の青に願いを込めて―

「EEL」の洋服には、一度聞くと忘れられない印象的な名前が多い。
「エレベスト」「サクラコート」「スイカジャケット」「フクラムノシャツ」「海辺のパーカー」「バイヤスキーシャツ」。

名前で親しまれることも多く、楽しい名前は洋服を一段と身近にしてくれます。

そのEELに「poefu」の1周年を記念して別注した、コート・ジャケット・ベスト。

メンズの雰囲気をあえて女性に提案したくてお願いした、3ピースの洋服です。

EELの春服の代名詞「サクラコート」の表布に使われている青「blue」に似た色を裏地にし、春の続編という意味での「and」、3ピースの「3」をアンサンブル服にかけて「and 3 blue」。

親しみを込めて呼んでいただけるようにEELの洋服らしく名づけてみました。

２０１１年３月３日のpoefuプレオープンの日は、大好きなサクラコートを着て始まりました。
初めてお店を訪れてくれたのは、サクラコートの色違いを着たEELの高橋さんと渋谷さん。

お二人の人柄が作る洋服がただただ好きという理由から、poefuでの扱いをスタートしたEEL。オープン当初、メンズ主体のブランドであるEELを知る女性はほとんどいませんでした。

3月11日、東日本大震災の日。いつものように私はサクラコートを着ていました。夢を持ってお店を始めた8日後のことでした。余震が続く不安な日々にも訪れてくださるお客様は途絶えることなく、無事に1年が過ぎました。

その不安な毎日を共にしてきたサクラコートの青。

一年目のサクラコートは、5着だけのセールスでした。迎えた2年目の春、常連のお客様を中心に80人もの方に愛するサクラコートをご購入いただくことになりました。

「春のアウターは売れない」その定説を覆し、ブランドの知名度とは裏腹の数。おまけにレディースショップにメンズ主体のブランド。サクラコートの青は、poefuで最も愛される感謝の青い色へと変化しました。

その感謝の青をうちに秘めた3ピースに、「冬来《着》りならば、春遠からじ」の願いを込めた「and 3 blue」。

企画展のタイトルは「あの素晴らしい青をもう一度」。

春が来るたびにオープンの喜びと地震の不安が同時に甦ります。

地震があった直後、たくさんの方々に関西へ一度戻ったほうがいいというアドバイスをいただきました。「そうすべきなのか」という想いが交錯する中、目の前にある洋服の先にはたくさんのお客様の笑顔がありました。


1年分の感謝とたくさんの笑顔の青を裏地にした「and 3 blue」。サクラコートを上回り、ベスト・ジャケット・コートを合わせて100着以上のご予約をいただきました。

たくさんの方の愛を着る。

「and 3 blue」は私にとって最も愛着のある、大切な大切な感謝の洋服です。

—幸服論—

minä perhonen《ミナ ペルホネン》 の「forest parade《フォレスト パレード》」

37片の森のモチーフをパズルピースのように模《かたど》った、「forest parade」と名づけられたレーステキスタイル。「できあがってきたとき、もう終わってもいいと思った。そして、もっとやってみたい衝動が湧いてきた」デザイナー皆川明氏はそう感じたそうです。


数々の物語を生み出してきた「minä perhonen」。10年目の集大成のように描かれたそのテキスタイルは、終わりを告げるものではなく、新たな始まりを告げるものでした。

作り手の真摯《しんし》な想いは、虚空に放たれた絵空の言葉で私の心を揺さぶります。

「この世にこんなにも美しいものを形にできる、この人の作り出す幸せの形を、いまだ minä perhonen を知らない人たちにその感動を持って届けたい」

この美しいレースを手にし、言葉にならない熱が身体を駆け巡り、そう素直に感じました。皆川明氏と仕事を共にする、その想いが願えばいつか叶うことを信じ続けて。

forest parade は、神奈川のレース工場で作られています。

「ソルブロン」という糸で織られた布に37《ミナ》のモチーフを刺繍していきます。ソルブロンは、水溶性で一定の温度で溶け出し、刺繍を施したモチーフがパズルピースのように生まれます。コートに使用する長さのレースを作るのに約1週間もの時間を要します。

原画に鉛筆で描かれた細やかな一本一本の線を、機械の糸が皆川明氏の意図を汲み取るかのように拾いあげて作っていきます。その刺繍糸の方向性や厚みは、原画の勢いと手で描かれた温もりを丁寧に忠実に、37個のモチーフの一つ一つに映し出します。

鳥たちの美声は、森のパレードの音楽を奏で始めます。ちょうちょは自らの羽を広げてその美しさを競い合います。揺れ動くレースの鳥やちょうちょは森に吹く優しい風を、光を受けて透ける葉脈は木漏れ日の森の穏やかな風景を描き出します。

瞳には決して映ることのない優しさと穏やかさ。
本当の幸せや愛は、瞳には映らないのかもしれません。
このレースとの出逢いが、私に洋服の幸せに再び気づかせてくれたように。
幸せの服との出逢いは、幸服という名の幸せなのかもしれません。
その見えない幸せの愛を着ることが、本当の愛着あるものとの出逢いであるように。

おしゃれのヒント

花のように

メンズのカーゴパンツのオリーブグリーンを、女性らしくはきこなす色合わせの簡単なテクニック。カーゴパンツを葉っぱの色だと思えば簡単です。花の色に多いオレンジやイエロー、ピンクやパープルは当然のようにシックリくるはずです。そこにメンズっぽい靴を合わせるか、ヒールやバレーシューズなど女性ならではの靴を合わせるかで、全体のバランスを考えます。毎日見ている自然界の色には、色合わせのヒントがたくさん隠れています。この方法を使って、花のように色合わせを楽しんでください。

虹色パンツ

ボトムスの色でコーディネートの印象はガラリと変わります。持っていると重宝する順番は①ネイビー②ベージュ③ホワイト④カーキ（オリーブグリーン）⑤ブラック⑥グレーです。中でも①から③は必須カラー。季節に応じてうまく立ちまわる万能色です。靴の色もほとんど問いません。この六色にデニムが加われば完璧です。たとえ１着のコートしか持っていなくても、七色のパンツで、１週間、毎日違う虹色のようなコーディネートが完成します。虹色パンツがそろったら、ワイドパンツや柄物など少しずつ違うものをそろえていくと良いと思います。

５着５足の法則

良い上着を５着、良い靴を５足、少しずつ無理のない程度にそろえてみてください。コートの上にコートは着ませんし、靴の上に靴は履きませんから。その二つのアイテムだけはどうしても、ごまかせないのです。５着の上着を選ぶときに気をつけるのは、違いを明確にすること。色・素材・シルエット・着丈・アイテム（コート、ジャケット、ブルゾン）のどれか一つの要素でも必ず違っていること。靴ならパンプス、バレエシューズ、サンダル、スニーカー、ブーツ、サボ、メンズっぽい革靴。ワードローブに合わせやすいものを５足そろえておくと、どこにでも出かけられます。どんなシーンにでも似合う良い上着と良い靴を持っている、大人のたしなみは着こなしの上手さにつながると同時に、その５着５足は着慣れるほどに愛着が増し欠かせないものになるはずです。慣れてくれば簡単です。６着６足……増やし続けるか、今度は良いインナーや良いアクセサリー探しになります。

おしゃれの近道

歳を重ねても冒険心を忘れないのはおしゃれの近道です。歳だから……太っているから…という理由で、着る前から似合わないと決めつけず、まずは着てみたい！　という心の声を優先。ヒールの靴もスカートも、女性らしい物選びも忘れずに洋服を目いっぱい楽しんでください。嘘をつかない店員さんに巡り逢えたなら、思いきって色々と相談してみてください。もちろんpoefuにもお待ち申しあげております。

あとがき

2週に1度は「poefu」に買い物にいらっしゃるお客様、渡辺久仁子さんのスケジュール帳。米粒に文字を書くように、びっしりと書かれた日々の出来事。そこにはpoefuを訪れた日から買ったものはもちろん、買わなかったものまで挿絵つきで詳細に書かれています。

初めて見せていただいたとき、本当に驚きました。なぜなら私は、スケジュールはおろかメモさえ取らないからです。すべては頭の中、記憶に留めるようにしています。印象的な言葉や出来事は必ず記憶に留まります。だからほとんど記録はしないのです。ネットで調べれば知ることができるような情報ではなく、バイヤーでしか知りえないデザイナーのお人柄や物作りの背景を、自分自身の言葉で物語にしたいと思うからです。

その半年後「本を書いてみませんか」。poefuのお客様だったWAVE出版の中村亜紀子さんから驚愕のお話をいただきました。なぜなら私はほとんど本を読まないからです。

「そんな私が本など書けるのだろうか」。不安な想いが頭をよぎる中、共通するお二人の言葉が私を前に進ませてくれました。

「poefu に来て洋服が今まで以上に楽しくなったんです。いつも話聞かせてくれる洋服への深い愛情を書き留めておきたいのです」

記憶に残るような服作りが、じっくりと時間をかけ愛され、いつのまにか記録に残る洋服になるように。私の記憶の物語が、記録として誰かの記憶に残るのならば——。

デザイナーや作家さんのこだわりや深い愛情を、改めて言葉で綴《つづ》ることのできる幸せ。

「記憶と記録」。その大切な機会をいただいたお二人に心より感謝いたします。


1冊の書籍に贅沢にも3人のカメラマン。写真の中で見せる私も知らない洋服たちの新たな表情には、カメラマンさんへの嫉妬を覚えるほどです。加藤アラタさん、古賀絵里子さん、大沼ショージさん、本当にありがとうございました。

素晴らしいデザインをしてくださったデザイナーの町口 景さん、小関悠子さん、撮影にご協力をいただいたお店やギャラリーの皆様、メーカー、プレスの皆様、応援してくれた家族、ご協力いただいたすべての方々に心よりお礼申しあげます。

2013年8月　柿本 景

P49 n100のファインカシミアニューポケットカーディガン	Fine Cashmere New Pocket Cardigan ¥30,450	
P52 nitcaのジャケット	ロイヤルスムースコットンジャケット　¥16,590	
P55 ゴ—— シュのガウン　※2		掲載商品は先シーズンのもののため現在販売しておりません
P58 NO CONTROL AIRのワンピース	ウールジョーゼットワンピース　¥27,300	
P61 n100のノースリーブシリーズ	Italian Silk Taffeta Gathered Top　¥24,150	
P65 BLUE BLUE JAPANのグラデーションチュニック	ハンドプリントグラデーションチュニック ¥23,100	掲載商品は現在販売しておりません。2014年春別バージョンを発売予定
P68 Jonaのアクセサリー	（写真下）tenten hoop pierces W　¥11,550 （写真上）rock ring　¥18,900	
P71 STYLE CRAFTのラクダ革の財布	CMWL-01 brown　¥29,400	

三章　「記憶と記録」ー記憶に残る服 記録に残る服ー

P76 INVERALLANのアランセーター	3 A 8BUTTON CARDIGAN　¥47,250	予低価格／為替による価格変動があります
P79 South2 West8のサンフォージャークロスバッグ	（写真右上）SUNFORGER Day Pack　¥21,000 （写真左上）SUNFORGER Binocular Bag（MEDIUM）¥14,700 （写真下）SUNFORGER Canal Park Tote　¥18,900	為替と生産都合上による価格変動があります
P82 Les chants de la terreの靴	one lace leather shoes　¥26,250	
P85 EELの「サクラコート」	¥34,440	
P88 n100のポプリンアーミーパンツとポプリンアーミースカート	Cotton Poplin Army Pants　¥15,750 Cotton Poplin Army Skirt　¥13,650	
P91 JOHN SMEDLEYのシーアイランドコットンニット	「ISLINGTON」カーディガン　¥33,600	為替による価格変動があります
P94 GLEN GORDONのニット手袋	（写真左）geelongora fingerless mitton long ¥5,775 （写真右）geelongora fingerless mitton　¥4,725	為替による価格変動があります

商品名・問い合わせ先（商品価格は2013年8月現在のものです）

※1と※2の商品、私物以外は「poefu」でお取り扱いしています

一章 「糸し糸しと言う心」－戀しくて洋服たち－

P8	UNIVERSAL TISSUのサロペット	2 piece salopette ¥23,100	掲載商品は現在販売しておりません。2014年「poefu」別注の別素材にて販売予定
P12	coeur femmeのペーパーハットシリーズ	¥12,600～	
P15	BRONERのフェルトクラッシャーハット	¥6,090 ※1	掲載カラーはデッドストックのため購入できません
P18	Honneteのアイリッシュリネンシリーズ	「姉妹伴」 Irish linen Short sleeve open front onepiece ¥23,100	掲載カラーは完売のため現在販売しておりません
P21	MARINEDAYの鞄	For poefu MARINE DAY BLUE MINT（SMALL） ¥13,650 FREE BLUE（LARGE） ¥14,700	
P25	bitter Brownのレザーキャスケット	ディアスキンキャスケット ¥27,300	
P28	MUUÑの籠鞄	ELEPHANT GRASS TOTE BAG ¥15,750	
P31	gym masterの丸首トレーナー	ラグランスウェットトレーナー ¥7,245	
P35	OFFICINE CREATIVEのマウンテンブーツ	¥57,750	為替による価格変動があります
P38	糸衣のニットガウン	ホールガーメントニットガウン ¥39,900	

二章 「見渡す限りの美しさ」－どこまでも美しい服景色－

P42	nitcaのコクーンコート	For poefu アルパカコクーンコート ¥36,750（予定価格）	2014年秋（10月頃）「poefu」にて発売予定。2014年7月より予約受付開始
P46	Pois Eのスカート「OPERA」	Cotton Circular Skirt ¥15,750	

P154 ironari by EEL の「バイヤスキーシャツ」	¥15,540	
P158 UNIVERSAL TISSU のスカート	「copernicus 的転回」skirt ¥17,325	掲載商品は現在販売しておりません
P162 NO CONTROL AIR という洋服	コットンポリエステルワンボタンガウン ¥22,050	
P165 Rebuild by Needles のパンツとスカート	M51 BDU Rebuild by Needles Sarouel Pants ¥15,750 Skirt ¥15,750	
P168 nosta のリメイクライダースジャケット	Coated Riders Jacket ¥22,890	
P172 1111 の洋服	カディコットンノースリーブ絞りワンピース ¥60,900 蜻蛉ストール ¥35,700	生産都合上による価格変動があります

六章 「幸服論」―幸せの洋服、そのカケラたちに巡り逢う―

P176 Vialis の靴	pointed toe unkle strap sabo sandal ¥22,050 ※写真右の白いサボは著者私物	為替による価格変動があります
P179 CHRISTIAN PEAU のレザーフラットシューズ	Flat Shoes ¥39,900	
P183 DANSKO のサボ	Ingrid ¥21,000	
P187 SO SEA の帆という名のパンツ	素材により価格が異なります (問い合わせ先非掲載)	2014 年「poefu」企画展にて販売予定
P190 姉妹伴の洋服	Honnete「姉妹伴」 Long sleeve open front one piece ¥23,100 Boat neck one piece ¥25,200	
P193 EEL FOR poefu「and 3 blue」の洋服	FML vest ¥28,350 Stick Jacket ¥42,000 Burbon Coat ¥47,250	
P197 minä perhonen の「forest parade」	forest parade stole	参考商品

問い合わせ先
※ poefu http://poefu.com/ ✉ http://poefu.com/contact/index.php
※1 http://www.broner.com/
※2 annabelle http://www.f6products.com/ ✉ http://www.f6products.com/contact.html

「poefu」からのお願い
○掲載商品に関するお問い合わせは、できるだけメールにてお願いいたします。 ○ご来店時の店内撮影はかたくお断りしております。
○現在、新規メーカー様からのお取引のお申し込みは受け付けておりません。ご了承くださいませ。

P97	n100 の ソフトスウェットジャージー フードジップジャケット	Soft Sweat Jersey Hood Zip Jacket ¥14,700	
P101	Glenmac のカシミアニット	ラウンドネックカシミアカーディガン ¥44,100	為替による 価格変動があります
P104	minä perhonen の「yuk-no-hi」		掲載商品は著者私物

四章 「絵空の言葉」―洋服の声を空に描いて―

P114	EEL の「オリオンコート」	¥55,440	
P118	TORCH の靴	(写真一番下) BIRCH ¥24,150 (写真下から2番目) OAK ¥24,150	
P121	CHRISTIAN PEAU のレザーバッグ	LEATHER 3WAY TOTE ¥25,200	
P125	Pois E の鞄「BAGATELLE」	¥10,500	
P128	Quilp by Tricker's の靴	¥86,100	為替による 価格変動があります
P131	ゴ――シュの作る青い服 ※2		
P134	Two Moon のパンツ	¥14,490	
P138	minä perhonen の「rain chukka」		掲載商品は著者私物

五章 「未来服」―未来ある洋服たち―

P144	imayin の鞄	mirror patched work bag (LARGE) ¥17,640 mirror patched work bag (SMALL) ¥13,650	
P148	Honnete のマント	Manteau ¥25,200	為替による 価格変動があります
P151	月の木のワンピース	¥21,000 (素材により価格が異なります)	2014年「poefu」企画 展にて販売予定

柿本景（かきもとけい）

1973年生まれ。大学在学中に京都のセレクトショップLOFTMANで働き始める。卒業後ポール・スミス事業部の店長を6年務め離職。2003年にLOFTMAN1981店に復職し販売を経て店長バイヤーを兼任。2011年に退社し東京・西荻窪にレディースのセレクトショップ「poefu」をオープン。多方面にわたる知識と男性らしからぬスタイリングに遠方から訪れるファンも多い。妻のえみさん、娘の風羽《ふう》さんと3人暮らし。

幸服の重ね着

2013年10月5日第1版第1刷発行

著者　柿本 景

デザイン　町口 景、小関悠子（マッチアンドカンパニー）

写真　加藤アラタ（P23,P43,P53,P77,P81,P87,P103,P105,P115,P117,P133,P141,P142,P153,P155,P167,P177,P195,P199）
古賀絵里子（P9,P17,P19,P37,P57,P59,P67,P83,P93,P123,P127,P145,P149,P163,P189, 著者写真）
大沼ショージ（P51,P63,P89,P99）
柿本 景（上記以外）

撮影協力　器・古道具 魯山、古道具 recit、ギャラリー MIZU NO SORA
ENSYU（株式会社 OPENFIELD）、カフェ・ギャラリー toki、カフェ・バー yugue

制作協力　藤野貴世子、渡辺久仁子

校正　大谷尚子

編集　中村亜紀子

発行者　玉越直人

発行所　WAVE出版
〒102-0074 東京都千代田区九段南 4-7-15
TEL 03-3261-3713　FAX 03-3261-3823　振替 00100-7-366376
info@wave-publishers.co.jp　http://www.wave-publishers.co.jp

用紙　紙大倉

印刷・製本　東京印書館

NDC593 207P 21cm

ISBN978-4-87290-639-4